全分解视频版

上手家常菜一步一图教你做

甘智荣／主编

黑 龙 江 出 版 集 团
黑龙江科学技术出版社

图书在版编目（CIP）数据

上手家常菜，一步一图教你做/甘智荣主编. —哈尔滨:
黑龙江科学技术出版社，2015. 10
ISBN 978-7-5388-8500-2

Ⅰ. ①上… Ⅱ. ①甘… Ⅲ. ①家常菜肴－菜谱－图解
Ⅳ. ①TS972. 12-64

中国版本图书馆CIP数据核字(2015)第204970号

上手家常菜，一步一图教你做

SHANGSHOU JIACHANGCAI YIBU YITU JIAONIZUO

主　　编　甘智荣
责任编辑　梁祥崇
策划编辑　朱小芳
封面设计　郑欣媚
出　　版　黑龙江科学技术出版社
地址：哈尔滨市南岗区建设街41号 邮编：150001
电话：(0451)53642106　传真：(0451)53642143
网址：www. lkcbs. cn　www. lkpub. cn
发　　行　全国新华书店
印　　刷　深圳雅佳图印刷有限公司
开　　本　723 mm × 1020 mm　1/16
印　　张　16
字　　数　300千字
版　　次　2015年10月第1版　2015年10月第1次印刷
书　　号　ISBN 978-7-5388-8500-2/TS・624
定　　价　29. 80元

序言 Preface

我们从出生开始，每一天的生活都离不开吃。为了吃得好，势必要提高食物的质量。单纯一个“吃”字，虽足以概括饮食的本质，但却无法详细地剖析出隐藏在其背后的美味佳肴。因此，如何让“吃”变得更精致，还需要从了解每一道佳肴本身入手。

根据这一初衷，本套“全分解视频版”系列书籍应运而生。本套丛书共12本，内容涵盖了美食的方方面面，大到家常菜、川湘菜、主食、汤煲、粥品、烘焙、西点，小至小炒、凉菜、卤味、泡菜，只要是日常生活中会出现的美食，你都能在这里找到。

就《上手家常菜，一步一图教你做》这一本来说。家常菜的可贵之处在于它能向家人及宾客传达出浓浓的情谊，尽管我们可以在酒店、饭馆吃到数之不尽的美味佳肴，但终究比不过家里那几盘朴实无华但又满含着家的味道的菜肴。

本书精心挑选备受大众欢迎的经典家常菜，包括简易爽口的凉拌小菜、丰富多样的美味小炒菜及独具匠心的美味炖煮蒸菜。每一道菜都配有详细的做法和烹饪提示。有了这本书，让你在学习家常菜的过程中能轻轻松松，很快上手。

本套“全分解视频版”丛书除立意鲜明、内容充实之外，还有一个显著的亮点，即是利用现如今最流行的“二维码”元素，将菜肴的制作与动态视频紧密结合，巧妙分解每一道佳肴的制作方法，始终坚持做到“一步一图教你做”，让视频分解出最细致的美味。

看完这套书，你会领悟“授人以鱼，不如授人以渔”的可贵。相比摆在眼前就唾手可得的现成食物，弄懂如何亲手制作美味佳肴，难道不显得更有意义吗?

如果你是个“吃货”，如果你有心学习“烹饪”这门手艺，如果你想让生活变得更丰富多彩，那就行动起来吧！用自己的一双巧手，对照着图书边看边做，或干脆拿起手机扫扫书中的二维码，跟着视频来学习制作过程。只要勇于迈出第一步，相信你总会有所收获。

希望谨以此套丛书，为读者提供方便，也衷心祝愿这套丛书的读者，厨艺更精湛，生活更上一层楼。

Contents 目录

Part 1 家常菜烹饪技巧

Part 2 清新凉拌菜

Contents 目录

Part 3 爽口小炒菜

Part 4 美味炖煮蒸菜

Contents 目录

Part 1

家常菜烹饪技巧

是否总是感慨同样的食材在大厨手中就能化腐朽为神奇，是否总是哀叹自己毫无长进的厨艺，是否希望有朝一日成为料理达人。其实要厨艺达到上乘并不难，关键在于掌握烹饪技巧。

本章分主要介绍家常菜的烹饪技巧，仔细领悟，再学以致用，就能让自己的厨艺突飞猛进，让亲朋好友享受五星级的美食待遇。

这样做防止蔬菜营养流失

蔬菜中含有丰富的B族维生素、维生素C和矿物质等，在烹饪过程中这些营养物质很容易因为高温而破坏，或者在烫煮的过程中溶解于水中导致营养成分流失。那么怎样才能最大程度地避免蔬菜的营养成分流失呢，一起试试下面这些方法吧！

合理处理食材

菜肴在制作之前注意以下几点，可以减少蔬菜的营养物质流失：

（1）蔬菜在切的过程中，营养素就开始流失了。切完后再洗，菜的表面变大，放在水中与水接触的面积变大，水溶性的维生素等物质就容易从切口流失，且农药刚好从切口跑进去。所以，应先以小流速的水洗菜，冲掉污物及残留的农药后，在烹调前再切菜。这样既可保留养分，又避免农药在洗菜的过程中跑进切口去。

（2）蔬菜中的营养素会在空气中氧化，所以应尽早处理、马上烹饪，避免放置过久。

（3）在适口性允许下，大块蔬菜因切面少，营养素也会相对流失较少。就拿红薯来说，整块的红薯因为糖分营养未流失，吃起来就比切块的要香甜得多。

（4）现如今的家庭人口基数都不大，以三口之家居多，所以烹饪少量食物即可，不仅可以每餐吃到新鲜的菜肴，也可缩短烹饪时间，保留食物养分。

焯水

焯水就是将初步加工的原料放在开水锅中加热至半熟或全熟，取出以备进一步烹调或调味。它是烹调中特别是冷拌菜不可缺少的一道工序，对菜肴的色、香、味，尤其是色起着关键作用。

焯水的应用范围较广，大部分蔬菜和带有腥膻气味的肉类原料都需要焯水，焯水的作用有以下两个方面:

第一，使蔬菜颜色更鲜艳，质地更脆嫩，减轻涩、苦、辣味，还可以杀菌消毒。如菠菜、芹菜、油菜通过焯水变得更加艳绿；苦瓜、萝卜等焯水后可减轻苦味；扁豆中含有的血球凝集素，通过焯水可以消除。

第二，调整几种不同原料的成熟时间，缩短正式烹调时间。由于原料性质不同，加热成熟的时间也不同，可以通过焯水使几种不同的原料成熟时间一致。如肉片和蔬菜同炒，蔬菜经焯水后达到半熟，那么，炒熟肉片后，加入焯水的蔬菜，很快就可以出锅。

焯水时注意以下三点不仅可以防止营养物质流失，还可以使菜肴更加美味：

（1）蔬菜焯水时先是将锅内的水加热至滚开，然后将原料下锅。下锅后及时翻动，时间要短，要讲究色、脆、嫩，不要过火。

（2）火候过大，时间过长，蔬菜的颜色就会变淡，而且也不脆、不嫩，因此蔬菜放入锅内后，水微开时即可捞出凉凉。

（3）蔬菜类原料在焯水后应立即投凉控干，以免因余热而使之变黄、熟烂的现象发生。

水炒菜

如今越来越多的人用“水炒法”来炒菜。水炒菜就是在油锅中加入少量的水，水滚后加入青菜，以一般炒菜的方式拌炒，并于起锅前再加上盐调味。

与传统油炒菜相比，水炒菜更有优势。传统热油爆炒会产生大量油烟，油质也会因为高温变性，不益健康。而水炒法不仅更健康，且以少量的水去煮，蔬菜原始甜度及营养物质不易被稀释。并且不需太多调味料的使用，可减少油盐的摄取，炒出的成品同样青脆好吃。

有的人会觉得水炒菜不够香，不过也可用坚果类增加香气。将腰果、杏仁等坚果类打成酱料，炒菜时只放少许水，将酱料拌入菜里面，所有食材、营养就可以全部都吃下肚。

肉类菜怎样做才更营养美味

日常饮食中人们不仅要多吃蔬菜，而且要搭配肉类菜一起食用才能满足人体的营养物质需求，所以学习烹饪肉类菜也很有必要。一起来研究这些烹饪知识，学习如何最大限度地保存肉类营养，让肉肥而不腻、更加美味！

肉块要适当切大一些

肉类都含有可溶于水的含氮物质，炖猪肉时含氮物质释出越多，肉汤味道越浓，肉块的香味则会相对减淡，因此炖肉的肉块要适当切大一些，以减少肉内含氮物质的外溢，这样肉味会更鲜美。

肉类焖制营养最高

肉类食物在烹调过程中，某些营养物质会遭到破坏，而采用不同的烹调方法，其营养损失的程度也有所不同。如蛋白质，在炸的过程中损失最高可达12%，而采用煮和焖则损耗较少；如B族维生素，在炸的过程中会损失45%，煮时损失为42%，焖时损失为30%。由此可见，肉类在烹调过程中，焖制方法营养损失最少。

另外，把肉剁成肉泥，加面粉等做成丸子或肉饼进行焖制，营养损失会更加减少。

做肉类菜记得少加水

炖肉时要少加水，以使汤汁滋味醇厚。在炖的过程中，肉类中的水溶性维生素和矿物质会溶于汤汁内，汤汁越多营养损失得越多。因此，在红烧、清炖及蒸、煮肉类及鱼类食物时，应尽量少加水。

不要用大火猛煮

烹调肉类时不宜用大火猛煮。一是因为肉块遇到急剧的高热，肌纤维会变硬，肉块就不易煮烂；二是因为肉中的芳香物质会随猛煮时的水蒸气蒸发掉，使肉的香味减少。

吃肉不加蒜，营养减半

在动物性原料中，尤其是瘦肉类，往往含有丰富的维生素B_1，但维生素B_1并不稳定，在体内停留的时间较短，会随尿液大量排出。大蒜中含特有的蒜氨酸和蒜氨酸酶，二者接触后会产生蒜素，肉中的维生素B_1和蒜素结合就生成稳定的蒜硫胺素，蒜硫胺素能延长维生素B_1在人体内的停留时间，提高其在胃肠道的吸收率和体内的利用率。因此，炒肉时加一点蒜，既可解腥去异味，又能保住维生素B_1，达到事半功倍的营养效果。

但需要注意的是，大蒜并不是吃得越多越好，每天吃一瓣生蒜（约5克重）或是两三瓣熟蒜即可，多吃也无益。此外，大蒜辛温、生热，食用过多会引起肝阴、肾阴不足，从而出现口干、视力下降等症状，因此平时应注意。

巧妙搭配让肉更美味

想要让肉类菜更加鲜美，可以尝试使用一些巧妙搭配：

（1）芹菜的叶子可在洗净后放入冰箱冷冻，在煮肉汤时放入可使汤味清香。

（2）冷冻的肉类在加热前，先用姜汁浸渍，可起返鲜的作用。

（3）炖肉时，在每500克肉里放3块山楂片，可以很快熟烂，且味道更鲜美；在锅里加上几块橘皮可除去异味和油腻，并增加汤的鲜味。

（4）炖肉时，加入适量的醋，既可除去异味，又可缩短时间。

（5）扣肉用酸料炖制，可开胃去腻。

大厨教你正确使用调料

盐、酱油、蚝油等调料如果正确使用，不仅可以使菜肴更加可口诱人，也可以使菜肴的营养更好地保存下来。下面就一起来了解如何正确使用调料，让您烹饪出的家常菜肴更加美味！

巧用姜

姜是许多菜肴中不可缺少的香辛调味品，但怎样使用，却并非人人知晓。

姜用得恰到好处，可以使菜肴增鲜添色，反之则会弄巧成拙。

同样是用姜，形态不同，其所做出菜的味道也会有所差别。如做鱼丸时，在鱼茸中掺入姜葱汁，再放其他调味品搅拌上劲，挤成鱼丸，可使鱼丸鲜香滑嫩、色泽洁白；若把生姜剁成蓉，拌入鱼茸里制成鱼丸，吃在嘴里就会垫牙、辣口，且色彩发暗，味道欠佳。

姜投放的时间对菜肴的味道也有很大的影响。如在烧鱼前，应先将姜片投入少量热油中煸炒、炝锅，后下入鱼肉煎烙两面，再加清水和各种调味品，使鱼与姜同烧至熟，这样可使煎鱼时不粘锅，且可去膻解腥；如果姜片与鱼同下锅，或鱼肉熟后撒下姜，其效果欠佳。因此，在烹调中要视菜肴的具体情况，合理用姜。

不同种类的姜在烹饪中有不同的用法，使用时要加以区分。常用姜有新姜、黄姜、老姜、浇姜等，按颜色又有红爪姜和黄瓜姜之分。新姜皮薄肉嫩，味淡薄；黄姜香辣，气味由淡转浓，肉质由松软变结实，是姜中上品；老姜，俗称姜母，即姜种，皮厚肉坚，味道辛辣，但香气不如黄姜；浇姜，附有姜芽，可以做菜肴的配菜或酱腌，味道鲜美。

姜除了可做调味品，也可做菜肴的配料。作为配料入菜的姜，一般要切成丝，如“姜丝肉”是取新姜与青红辣椒，切丝与瘦猪肉丝同炒，其味香辣可口，独具一格。

巧用盐

盐常被称为“百味之王”，也常用“一盐调百味”来形容其在烹饪中的重要作用。

盐通常用来调味和增强风味。在烹调中加盐，既要考虑到菜肴的口味是否适度，同时也要讲究用盐的时机是否正确。

盐在烹调过程中常与其他调料一同使用，在使用过程中几种调料之间必然发生作用，形成一种复合味，掌握盐对调料的影响可以让我们在使用盐时更加得心应手。一般说，咸味中加入微量醋，可使咸味增强，加入醋量较多时，可使咸味减弱；反之醋中加入少量盐，会使酸味增强，加入大量盐后则使酸味减弱；咸味中加入砂糖，可使咸味减弱；甜味中加入微量盐，可在一定程度上增加甜味；咸味中加入味精可使咸味缓和；味精中加入少量盐，可以增加味精的鲜度。

盐有高渗透作用，烹饪中巧用盐能抑制细菌的生长。制作肉丸、鱼丸时，加盐搅拌，可以提高原料的吃水量，使制成的肉丸、鱼丸柔嫩多汁。

巧用料酒

烹调中一般要使用料酒，这是因为料酒能解腥起香。

使用时注意以下两点，可让料酒的作用得到最大程度的发挥：

（1）烹调中最合理的用料酒时间，应该是在整个烧菜过程中锅内温度最高的时候。比如煸炒肉丝，料酒应当在煸炒刚完毕的时候放；又如红烧鱼，必须在鱼煎制完成后立即淋入料酒；再如炒虾仁，虾仁滑熟后，料酒要先于其他调料入锅。

（2）用料酒忌溢和忌多。有些人但凡菜肴中有荤料的都习惯放点料酒，像“榨菜肉丝汤”一类的菜也放了料酒，结果清淡的口味反被酒味破坏，这是因为放在汤里的料酒来不及挥发的缘故。所以使用料酒时要做到“一要忌溢，二要忌多”。

大厨教你做小炒菜肴

炒是家庭中最常用的一种烹调方法，用这种方法做出来的菜不但味鲜、脆嫩，而且能在较大程度上保持食物的营养价值。看似简简单单的“炒”，实则包含了很多内容，比如炒制方法就有滑炒、清炒、干炒等，其烹饪出的菜肴味道天差地别。

滑炒

滑炒所用食材多为动物性原料，不论畜禽类、鱼虾类，均须去除筋、骨、皮，改刀成较小的块后炒制。传统滑炒不需勾芡，菜品呈自然风味。如今可以用微芡的方法，使菜品更鲜嫩适口。

1.滑炒的优点

滑炒能保护食材的营养物质不过多流失，且操作简便，炒出来的成品鲜嫩，调味采用一次性调入芡汁方式，口味也比较容易掌控。

2.滑炒的注意事项

第一步是上浆。浆料一般是鸡蛋清或水淀粉，用量为每250克肉，至少要用2个鸡蛋清或足量的水淀粉以能包裹食材为准。上浆时，要将浆料与肉拌匀，质地细嫩的鸡丝、鱼条要先用手轻按，使浆料深入肉质中，又不会掐断。

第二步是滑油。滑油时油量要多，油温要适中。油量少肉质容易脱浆，油温低肉质会吸收大量的油，油温高肉质易熟、成品较老。滑油的过程要迅速，主要是让浆料成熟以包裹肉质，肉质断生即可。滑油属于烹调过程中的重要程序，其优点是油温低，在90~120℃；烹制时间短，原料营养物质破坏较少。

第三步要求炒制的时间短，且操作迅速。调味汁最好事先准备，操作时一气呵成。净锅留底油燃烧，可以用葱、姜、蒜炝锅；而后，将油滑过的肉与配料同入锅中；调入调味料汁，迅速颠翻，使芡汁均匀包裹，随后出锅即可。

清炒

清炒大多原料单一，即便有配料，也只是起到点缀的作用。一般选择新鲜脆嫩或者软嫩鲜味充足的食材。比如时令蔬菜、里脊、鸡腿肉等。传统清炒无芡汁，或根据不同需求，用少量的水淀粉勾芡，达到有芡但不见芡的状态。

1.清炒的优点

清炒的操作简单，时令蔬菜通常经简单调味便可清香适口，清炒时使用的油质能充分促进人体对脂溶性营养物质的吸收。

2.清炒的注意事项

清炒菜肴时注意以下几点，可以让成品更加可口：

（1）先洗后切，动作迅速。蔬菜洗净，切好后直接上火炒制即可。

（2）注意成品出锅速度。清炒时只需将菜肴炒至断生，不必炒得太熟，才能保证菜色及口感处在最佳状态，比如豆苗、小白菜。

（3）动物性食材要提前处理。动物性食材要先去除筋、骨、皮，并上浆，然后再经水焯或油滑处理，最后大火速炒即可。

干炒

干炒是将不挂糊的小型原料，经调味品拌腌后，放入八成热的油锅中迅速翻炒，炒到外面焦黄时，再加配料及调味品，卤汁被主料吸收后即可出锅。干炒菜肴的一般特点是干香、酥脆、略带麻辣。

1.干炒的优点

干炒适用的原料广泛，其炒出口味变化多样。

2.干炒的注意事项

干炒前，不同的食材需要提前进行不同的处理：

（1）食材洗净后经刀工处理，先挂糊、后过油使其制干，最后炒制调味。常见于肉类、鱼类等，比如干炒牛肉等。

（2）食材洗净后经刀工处理，先放入油锅中将其炸干，最后炒制。常见于肉类、豆制品、面食等。

（3）食材洗净经刀工处理后，直接入锅炒制。常见于质地较干、易熟的食材，比如干炒牛河等。

（4）将食材洗净经刀工处理后，要不断颠炒至微干状态。常见于各类食材的处理，如炒豆腐。

制作凉拌菜的注意事项

凉拌菜是家常菜肴中不可缺少的一类菜品，不仅要做到色、香、味、形俱美，同时还要使制成的菜肴符合营养卫生的要求，这就要求在制作过程中多下功夫。一起来看看凉拌菜都有哪些注意事项吧！

制作凉拌菜的蔬菜要洗净

有一些蔬菜如黄瓜、西红柿、绿豆芽、莴笋等，在生长过程中，易受到农药、寄生虫和细菌的污染，这些都是肉眼看不见的地方，如果洗不干净，用来制作凉拌菜后有可能造成肠道不适。清洗蔬菜的最好方法是用流水冲洗，可除去90%以上的细菌和寄生虫卵。在拌制前的洗涤工作要认真，可以先用冷水洗，再用开水稍微烫一下，可杀死未洗尽的残余细菌和寄生虫卵。

制作凉拌菜的蔬菜要新鲜

如果用不新鲜的蔬菜制作凉拌菜，加上清洗消毒不严格，食用这种凉拌菜会导致肠胃疾病。所以，制作凉拌菜所用的蔬菜必须是新鲜的，同时，用熟食做凉菜时，最好重新加热蒸煮，适当加入蒜、醋、葱等做配料，不但味美可口，而且能起到一定的杀菌作用。

凉拌菜不能久存于冰箱

夏季，人们往往喜欢将凉拌菜放入冰箱中，冷藏一下，再取出食用，甚至长时间存放在冰箱里，慢慢取食。其实，这是非常不卫生的。尽管大多数病菌都是嗜盐菌，喜欢在20~30℃的温热条件下生长，但有一种病菌也可在冰箱冷藏室的温度下繁殖。这种病菌会引起与沙门菌极为相似的肠道疾病，并伴有类似阑尾炎、关节炎等病的疼痛症状。因此，凉拌菜最好即拌即食。

Part 2

清新凉拌菜

凉拌菜在家常菜中占有重要的位置，尤其是夏天，清凉冰爽的凉拌菜能瞬间赶走恼人的闷热，让你和家人都能食欲好、精神好！

本部分主要介绍凉拌菜的烹饪方法，同时为每道菜肴注有难易度和营养功效，可以根据自身情况，轻松选择美味凉菜。

银耳拌芹菜

◉难易度：★★☆ ◉功效：降压降糖

材料

水发银耳180克，木耳40克，芹菜30克，枸杞5克，蒜末少许

调料

食粉2克，盐2克，鸡粉3克，生抽3毫升，辣椒油2毫升，芝麻油2毫升，陈醋2毫升，食用油适量

做法

❶ 洗好的银耳、木耳切小块；洗好的芹菜切段。
❷ 水烧开加食用油，倒入芹菜、木耳焯水后捞出。
❸ 再向沸水锅中加食粉，倒入银耳煮1分钟。
❹ 加入枸杞搅匀，煮片刻后把银耳和枸杞捞出。
❺ 将银耳和枸杞倒入碗中，放入芹菜和木耳。
❻ 加蒜末、盐、鸡粉、生抽、辣椒油、芝麻油。
❼ 淋入陈醋，把碗中的食材搅拌均匀，装盘即可。

醋拌芹菜

◉难易度：★★☆ ◉功效：开胃消食

材料

芹菜梗200克，彩椒10克，芹菜叶25克，熟白芝麻少许

调料

盐2克，白糖3克，陈醋15毫升，芝麻油10毫升

做法

❶ 洗净的彩椒切细丝。
❷ 洗好的芹菜梗切成段，待用。
❸ 锅中注入适量清水烧开，倒入芹菜梗，拌匀。
❹ 略煮一会儿，放入彩椒，煮至食材断生。
❺ 捞出焯好的材料，沥干水分，待用。
❻ 将焯过水的材料倒入碗中，放入芹菜叶，搅拌匀。
❼ 加盐、白糖、陈醋、芝麻油。
❽ 倒入熟白芝麻，搅拌均匀。
❾ 将拌好的菜装盘即可。

金针菇拌紫甘蓝

◉难易度：★★☆ ◉功效：保肝护肾

材料

紫甘蓝160克，金针菇80克，彩椒10克，蒜末少许

调料

盐2克，鸡粉1克，白糖3克，陈醋7毫升，芝麻油12毫升

做法

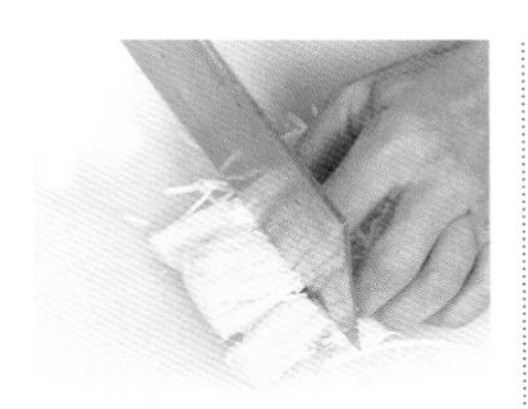

❶ 金针菇放入盆中，用清水洗净，将洗净的金针菇捞出沥干水分，切去根部。

❷彩椒用清水洗净，切开，去籽，再切成细丝。

❸ 紫甘蓝用清水洗净后，再将洗好的紫甘蓝切细丝，备用。

❹ 锅中注入适量清水烧开，倒入金针菇、彩椒丝，拌匀，略煮片刻。

❺ 捞出焯好的材料，沥干水分，装盘待用。

❻ 取一个大碗，倒入紫甘蓝，放入焯过水的材料。

❼ 撒上备好的蒜末，用筷子将材料拌匀。

❽ 加入盐、鸡粉、白糖、陈醋、芝麻油，拌匀至食材入味。

❾ 将拌好的菜盛入盘中即可。

Tips

跟着做不会错：金针菇可以用手撕开后再煮，这样更易熟透。刀工是决定这道凉菜形态的主要工序，因此在切菜时要尽量认真精细，做到整齐美观，大小相等，厚薄均匀，使改刀后的凉菜形状达到菜肴质量的要求。

紫甘蓝拌茭白

◉难易度：★★☆ ◉功效：降低血压

材料

紫甘蓝150克，茭白200克，彩椒50克，蒜末少许

调料

盐2克，鸡粉2克，陈醋4毫升，芝麻油3毫升，生抽、食用油各适量

做法

❶ 洗净的茭白切丝；洗好的彩椒、紫甘蓝均切丝。
❷ 锅中注入适量清水烧开，加适量食用油。
❸ 倒入茭白，煮半分钟至其五成熟。
❹ 加入紫甘蓝、彩椒，拌匀，再煮半分钟至断生。
❺ 把焯好的材料捞出，沥干水分。
❻ 将焯过水的材料装入碗中，放入蒜末，加入生抽、盐、鸡粉，淋入陈醋、芝麻油。
❼ 用筷子搅拌均匀，盛出，装入盘中即可。

凉拌豌豆苗

◉难易度：★★☆ ◉功效：降低血压

材料

豌豆苗200克，彩椒40克，枸杞10克，蒜末少许

调料

盐2克，鸡粉2克，芝麻油2毫升，食用油适量

做法

❶ 洗好的彩椒切成丝，备用。
❷ 锅中加水烧开，放入食用油。
❸ 加入洗净的枸杞，放入洗好的豌豆苗，煮半分钟至断生。
❹ 把煮好的枸杞和豌豆苗捞出，沥干水分。
❺ 将煮好的材料装入碗中。
❻ 放入蒜末，加入彩椒丝。
❼ 放入盐、鸡粉，淋入芝麻油。
❽ 用筷子将食材搅拌匀。
❾ 将拌好的菜肴盛出，装入干净的盘中即可。

豌豆苗拌香干

◉难易度：★★☆　◉功效：降低血压

材料

豌豆苗90克，香干150克，彩椒40克，蒜末少许

调料

盐3克，鸡粉3克，生抽4毫升，芝麻油2毫升，食用油适量

做法

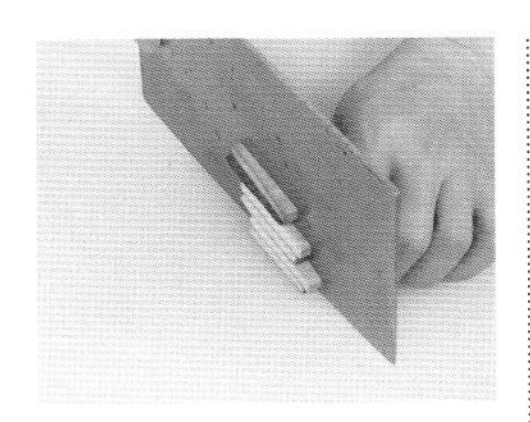

❶ 香干用清水洗净后，切条，备用。

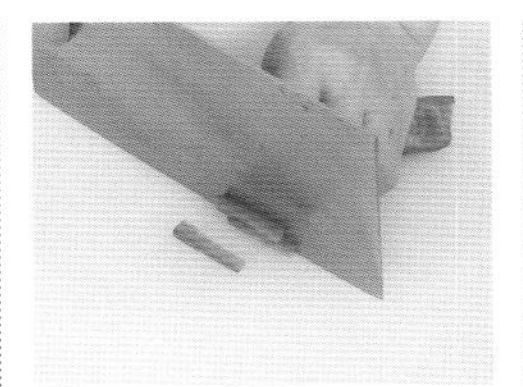

❷ 彩椒用清水洗净，切开，去籽，切成条，备用。

❸ 锅中注入适量清水烧开，倒入适量食用油，加入盐、鸡粉。

❹ 倒入切好的香干、彩椒，搅拌均匀，煮半分钟。

❺ 加入洗好的豌豆苗，搅拌匀，再煮半分钟至断生。

❻ 把锅中焯好的材料捞出，沥干水分。

❼ 将焯好的材料装入碗中，放入蒜末。

❽ 加入生抽、鸡粉、盐，再淋入芝麻油。

❾ 用筷子搅拌均匀至食材入味。

❿ 取一个干净的盘子，将拌好的菜肴盛出，装入盘中即可。

跟着做不会错：香干焯后不易入味，可以多拌一会儿。

白萝卜拌金针菇

◉难易度：★★☆　◉功效：清热解毒

材料

白萝卜200克，金针菇100克，彩椒20克，圆椒10克，蒜末、葱花各少许

调料

盐、鸡粉各2克，白糖5克，辣椒油、芝麻油各适量

做法

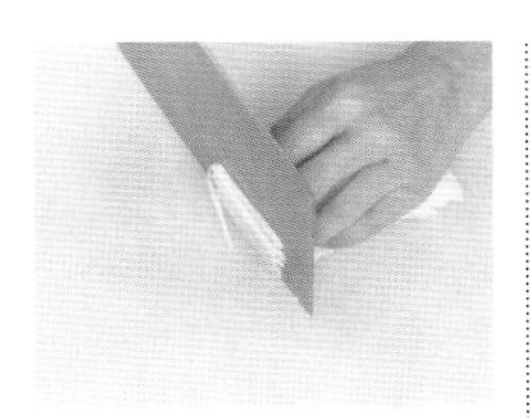

❶ 白萝卜放入盆中，加入适量清水洗净后捞出，去皮后切片，再改切成细丝。

❷ 圆椒用清水洗净，切开，去籽，再切成细丝。

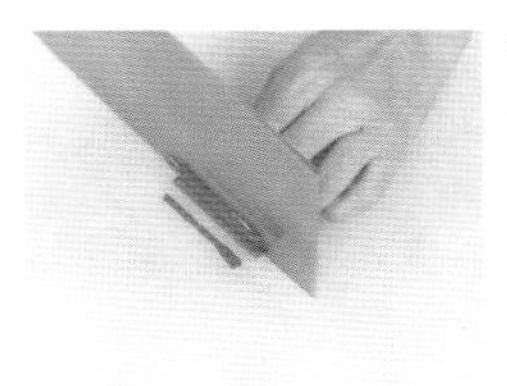

❸ 彩椒用清水洗净，切开，去籽，再切成细丝。

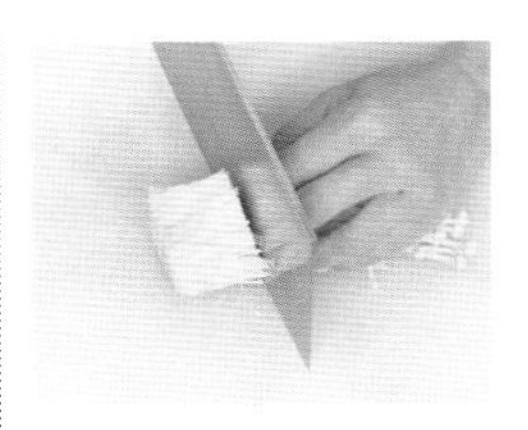

❹ 金针菇放入盆中，加入清水洗净后捞出，沥干水分，切除根部。

❺ 锅中注入适量清水烧开，倒入金针菇，拌匀，焯至断生。

❻ 捞出焯好的金针菇，放入凉开水中，清洗干净，沥干水分，待用。

❼ 取一个大碗，倒入白萝卜，放入切好的彩椒、圆椒。

❽ 倒入焯好的金针菇，撒上备好的蒜末，拌匀。

❾ 加入盐、鸡粉、白糖，淋入辣椒油、芝麻油。

❿ 撒入葱花，用筷子将菜肴搅拌均匀，装入盘中即可。

Tips

跟着做不会错：白萝卜的含水量较高，可先加盐腌渍一会儿，挤干水分；金针菇焯水时间不宜过长，以免影响其爽脆的口感。

橙汁冬瓜条

◉难易度：★☆☆ ◉功效：清热解毒

材料

冬瓜270克，橙汁450毫升

调料

白糖适量

做法

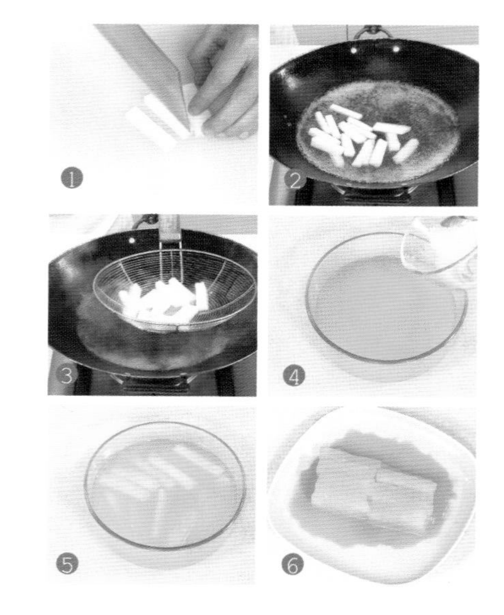

❶ 洗净的冬瓜切段，再切成大小均匀的条。
❷ 锅中注入适量清水烧开，倒入冬瓜条，拌匀，用小火煮2分钟。
❸ 捞出冬瓜，放凉待用。
❹ 取橙汁，加入白糖，拌匀，至白糖溶化。
❺ 倒入冬瓜条，拌匀，浸泡2小时。
❻ 盘子上放入冬瓜条，浇上适量橙汁即可。

凉拌花菜

◉难易度：★☆☆　◉功效：增强免疫力

材料

花菜300克，蒜末、葱花各少许

调料

盐2克，鸡粉3克，辣椒油适量

做法

1. 锅中注入适量清水烧开，倒入处理干净的花菜，焯约1分钟至断生。
2. 关火后将焯好的花菜捞出，装入碗中。
3. 倒入适量凉水。
4. 花菜冷却后，沥干水分。
5. 加入蒜末、葱花。
6. 放入盐、鸡粉、辣椒油，拌匀。
7. 盛入花菜，装盘，撒上葱花即可。

黄瓜拌土豆丝

◉难易度：★★☆ ◉功效：开胃消食

材料

去皮土豆250克，黄瓜200克，熟白芝麻15克

调料

盐、白糖各1克，芝麻油、白醋各5毫升

做法

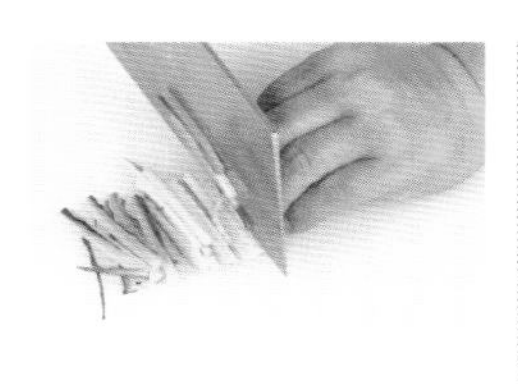

❶ 洗好的黄瓜切片，改切丝，洗净的土豆切片，改切丝。

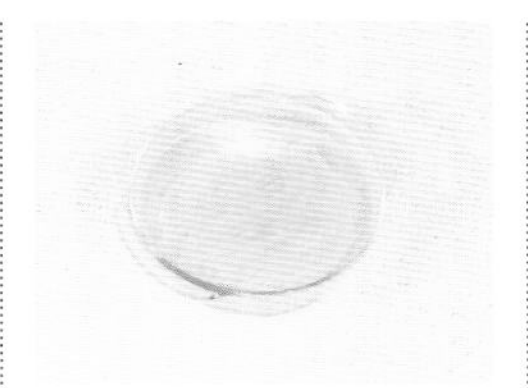

❷ 取一碗清水，放入土豆丝。

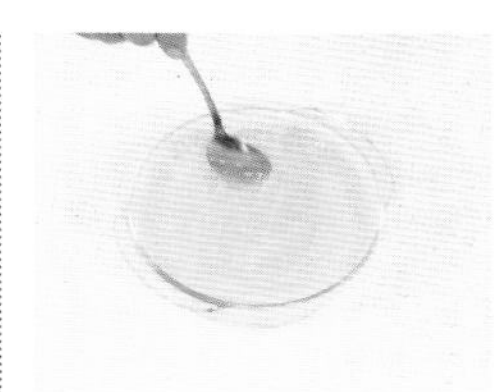

❸ 稍拌片刻，去除表面含有的淀粉。

❹ 洗过后将水倒走，土豆丝待用。

❺ 沸水锅中倒入洗过的土豆丝，焯煮一会儿至断生。

❻ 捞出焯好的土豆丝，过一遍凉水后捞出，装盘待用。

❼ 往土豆丝中放入黄瓜丝，拌匀。

❽ 加入盐、白糖、芝麻油、白醋。

❾ 将材料拌匀，拌好的菜肴装入碟中，撒上熟白芝麻即可。

Tips

跟着做不会错：黄瓜尾部含有较多的苦味素，营养价值较高，烹饪时不宜将其尾部丢弃；可依个人喜好，加点辣椒油拌匀，酸辣口感更开胃。

黄瓜拌玉米笋

◉难易度：★★☆　◉功效：美容养颜

材料

玉米笋200克，黄瓜150克，蒜末、葱花各少许

调料

盐3克，鸡粉2克，生抽4毫升，辣椒油6毫升，陈醋8毫升，芝麻油、食用油各适量

做法

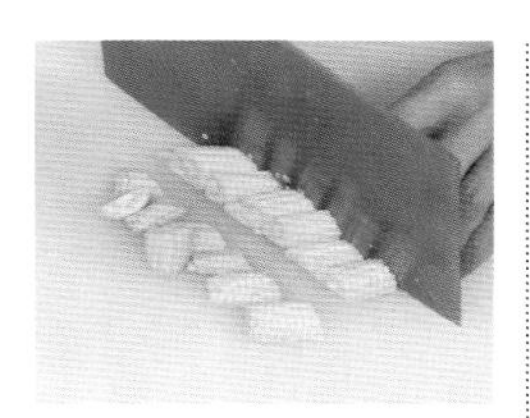

❶ 先将玉米笋用清水洗净，切开，再切成小段。

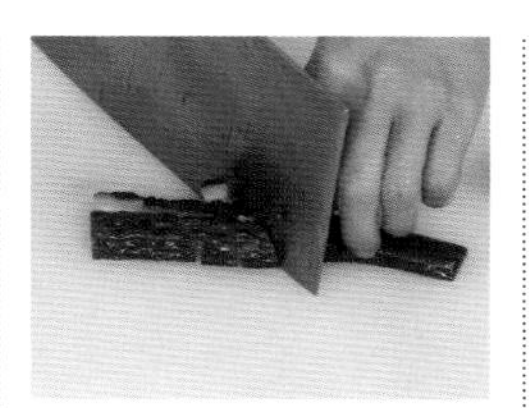

❷ 洗净的黄瓜对半切开，拍打几下，至瓜肉裂开，再切小块。

❸ 锅中注入适量清水烧开，放入切好的玉米笋。

❹ 加入少许盐、鸡粉，倒入适量食用油，搅拌匀。

❺ 用大火焯约1分钟，至玉米笋断生后捞出，沥干水分，装盘待用。

❻ 取一个干净的碗，倒入焯熟的玉米笋，放入黄瓜块。

❼ 撒上备好的蒜末、葱花，加入辣椒油、盐、鸡粉。

❽ 淋入陈醋、生抽，搅拌均匀，使调料完全溶化。

❾ 再淋入芝麻油，快速搅拌均匀，至食材入味。

❿ 取一个干净的盘子，盛入拌好的菜，摆好盘即成。

Tips

跟着做不会错：拍黄瓜的力度不宜太大，以免水分流失过多；装凉拌菜的盘子可预先冰一下，冰凉的盘子装上冰凉的菜肴，可增加菜的口感。

手撕茄子

◉难易度：★☆☆　◉功效：美容养颜

材料

茄子段120克，蒜末少许

调料

盐、鸡粉各2克，白糖少许，生抽3毫升，陈醋8毫升，芝麻油适量

做法

❶ 蒸锅上火烧开，放入洗净的茄子段。
❷ 盖上盖，用中火蒸约30分钟，至食材熟透。
❸ 揭盖，取出蒸好的茄子段。
❹ 将茄子段放凉后撕成细条状，装在碗中。
❺ 再加入盐、白糖、鸡粉，淋上生抽。
❻ 注入陈醋、芝麻油，撒上蒜末，拌匀即可。

蒜油藕片

◉难易度：★★☆　◉功效：开胃消食

材料

莲藕260克，黄瓜、蒜末各适量

调料

陈醋6毫升，盐2克，白糖2克，生抽4毫升，辣椒油10毫升，花椒油7毫升，食用油适量

做法

❶ 洗净的黄瓜切成片，待用。
❷ 洗好去皮的莲藕切片。
❸ 锅中注入水烧开，倒入藕片。
❹ 搅拌均匀，将莲藕煮至断生。
❺ 捞出藕片，放入凉开水中过凉，沥干水分，待用。
❻ 用油起锅，倒入蒜末煸炒，炸成蒜油。
❼ 关火后盛出蒜油，装入小碗。
❽ 取一个大碗，倒入藕片、黄瓜，倒入蒜油、陈醋、盐、白糖、生抽、辣椒油、花椒油。
❾ 将食材拌匀，装入盘中即可。

炝拌莴笋

◉难易度：★☆☆　◉功效：增强免疫力

材料

莴笋260克，干辣椒适量，花椒、姜丝各少许

调料

白醋6毫升，白糖5克，盐6克，食用油适量

跟着做不会错：炒花椒的时间不要太久，以免味道偏苦。

做法

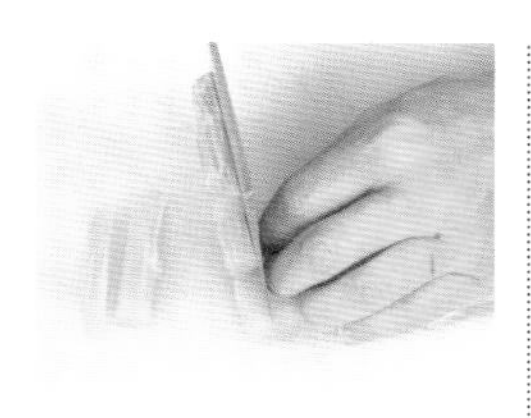

❶ 洗净去皮的莴笋切段，再切厚片，改切成条，备用。

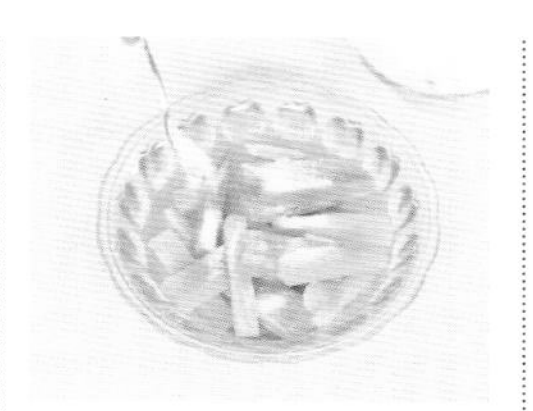

❷ 将莴笋条放入碗中，加入盐，搅匀，腌渍约30分钟。

❸ 在碗中注入适量清水，洗去莴笋中多余盐分。

❹ 将水倒掉，撒上姜丝，待用。

❺ 锅置火上，倒入适量食用油，待油烧热后放入花椒、干辣椒，爆香。

❻ 捞出炒好的材料，锅底留油继续烧热。

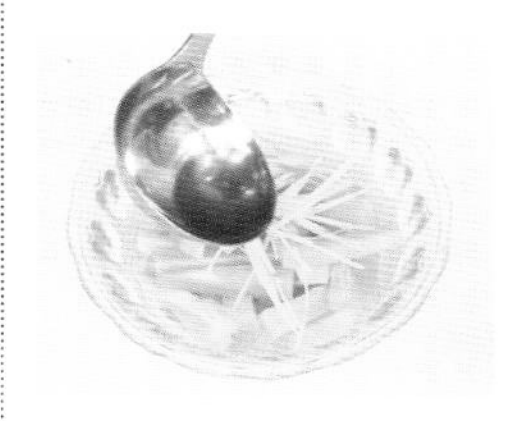

❼ 关火后盛出部分热油，将热油均匀地浇在莴笋上。

❽ 锅底留油，大火烧热后，再倒入白醋、白糖。

❾ 搅拌片刻至白糖溶化，调成味汁。

❿ 关火后盛出味汁，浇在莴笋上。

⓫ 将碗中的材料搅拌均匀，再腌渍约3小时至食材入味。

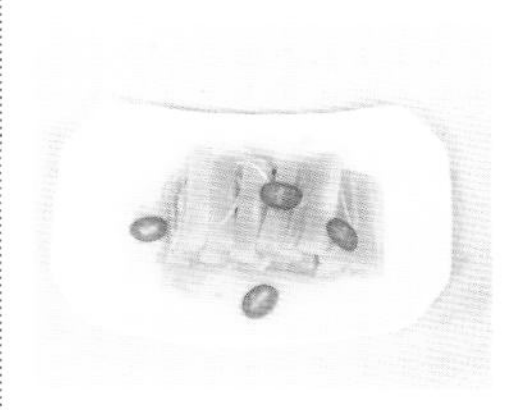

⓬ 取一个干净的盘子，把拌好的菜装入盘中即可。

香辣春笋

◉难易度：★★☆　◉功效：开胃消食

材料

竹笋180克，红椒25克，姜块15克，葱花少许

调料

辣椒酱25克，料酒4毫升，白糖2克，食用油适量，鸡粉、陈醋各少许

跟着做不会错：可以将竹笋的根部切去，这样口感更好。

做法

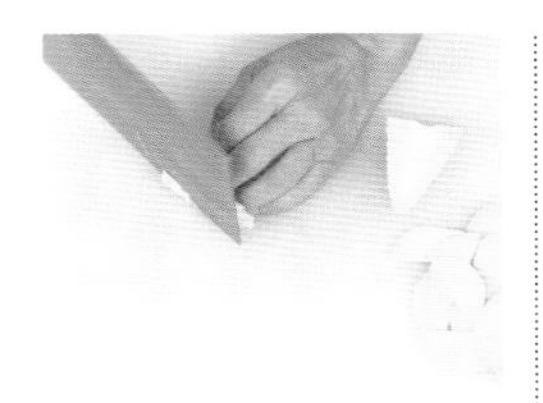

❶ 洗净去皮的竹笋切开，再切薄片。

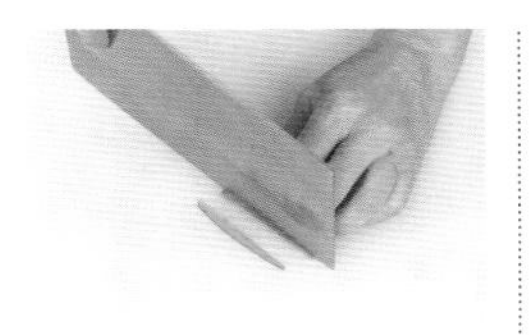

❷ 洗好的红椒切开，去籽，再切细丝，装盘待用。

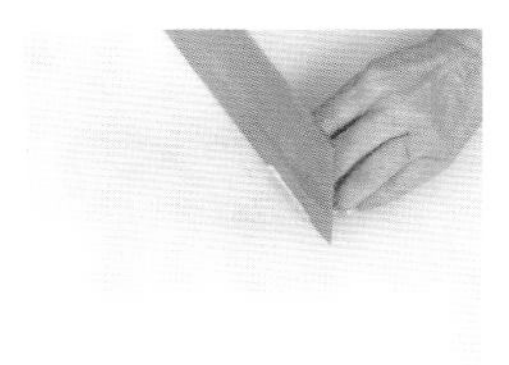

❸ 洗净的姜块切片，再切细丝。

❹ 锅中注入适量清水烧开，倒入竹笋。

❺ 再淋入料酒，略煮一会儿。

❻ 捞出竹笋，沥干水分，待用。

❼ 用油起锅，倒入姜丝，爆香。

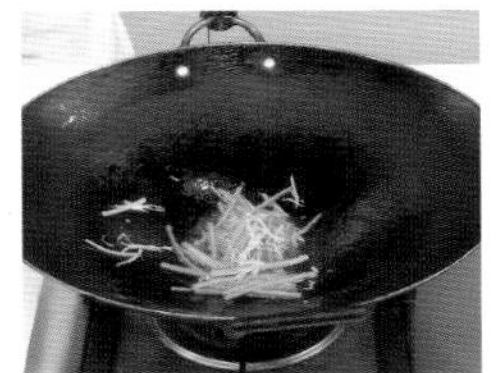

❽ 倒入备好的红椒丝，炒匀。

竹笋焯水的时间不宜过长，否则会使其质地变得僵硬老韧，失去脆嫩感，吃起来咀嚼困难，口感不佳。

❾ 撒上葱花，倒入辣椒酱，翻炒均匀。

❿ 注入适量清水，加入白糖、鸡粉、陈醋，调成味汁。

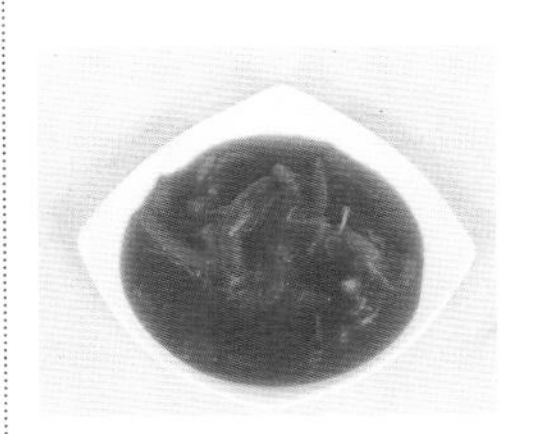

⓫ 关火后将味汁盛出，装入碗中待用，将焯好的竹笋装入盘中，浇上味汁即可。

凉拌双耳

◉难易度：★☆☆　◉功效：开胃消食

材料

水发银耳180克，水发木耳140克，青椒15克，红椒10克，芥末酱少许

调料

盐、鸡粉各2克，白糖少许，生抽6毫升

做法

❶ 洗净的红椒切开，斜刀切片。
❷ 洗好的青椒切小块。
❸ 洗净的木耳撕成小朵。
❹ 洗好的银耳切小朵。
❺ 把芥末酱装入小碟中，加入3毫升生抽，调成味汁，待用。
❻ 取一个碗，放入银耳、木耳。
❼ 倒入青椒、红椒，加入盐、白糖、鸡粉。
❽ 淋入生抽，倒入调好的味汁。
❾ 搅拌均匀，装入盘中即成。

手撕杏鲍菇

◉难易度：★★☆ ◉功效：增强免疫力

材料

杏鲍菇200克，青椒15克，红椒15克，西红柿片少许，蒜末少许

调料

生抽5毫升，陈醋5毫升，白糖2克，盐2克，芝麻油少许

做法

1. 洗净的杏鲍菇切条；洗净的青椒、红椒切末。
2. 蒸锅上火烧开，放入杏鲍菇。
3. 盖上锅盖，大火蒸10分钟，取出放凉。
4. 取一个碗，倒入蒜末、青椒、红椒，拌匀。
5. 加生抽、白糖、陈醋、盐、芝麻油搅匀调成味汁。
6. 将放凉的杏鲍菇撕成细条，再撕成段。
7. 取一个碗，摆上西红柿片垫底，放入杏鲍菇，浇上调好的味汁即可。

萝卜缨拌豆腐

◉难易度：★★☆ ◉功效：降低血压

材料

萝卜缨100克，豆腐200克，水发花生米100克，蒜末少许

调料

盐3克，鸡粉2克，生抽3毫升，陈醋5毫升，芝麻油2毫升，食用油适量

跟着做不会错：豆腐易碎，拌的时候要注意力度，以免弄碎。

做法

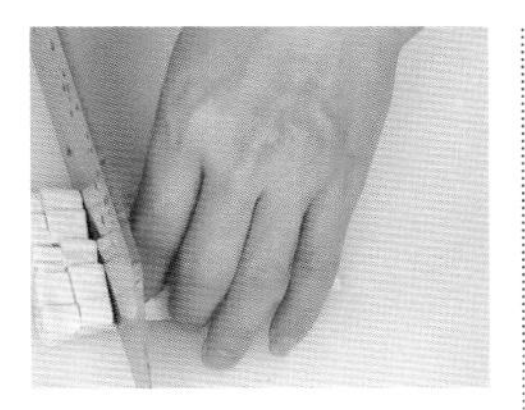

❶豆腐用清水洗净，切成条，再切成块。

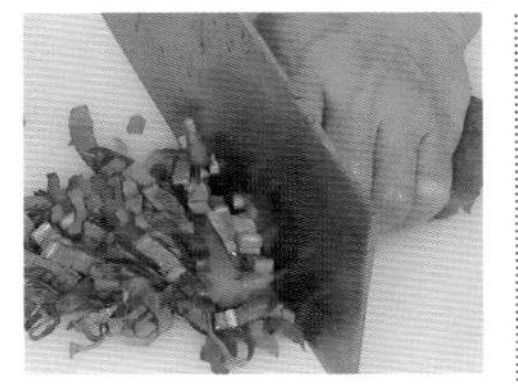

❷萝卜缨放入盆中，加入适量清水洗净，捞出，沥干水分，切碎，备用。

❸锅中注入适量清水烧开，加入少许盐、食用油。

❹倒入萝卜缨，放入豆腐，搅拌匀，煮半分钟。

❺把焯好的萝卜缨和豆腐捞出，沥干水分，待用。

❻另起锅，注入适量清水，放入少许盐，倒入花生米。

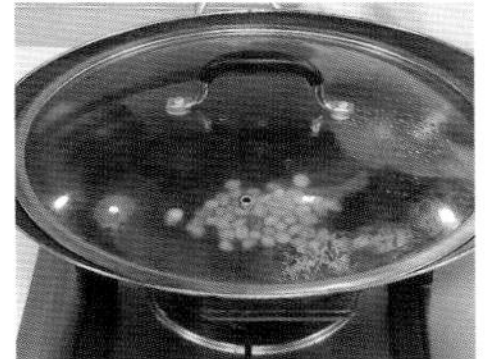

❼盖上盖，烧开后用小火煮10分钟，至其熟透。

❽揭开盖子，将煮好的花生米捞出，装盘备用。

❾将萝卜缨、豆腐放入碗中，倒入煮好的花生米。

❿放入蒜末，再依次加入鸡粉、盐、生抽、陈醋。

⓫淋入芝麻油，用筷子匀速地搅拌一会儿，至食材入味。

⓬取一个干净的盘子，将拌好的菜盛出，装入盘中即可。

黄瓜里脊片

◉难易度：★☆☆ ◉功效：开胃消食

材料

黄瓜160克，猪瘦肉100克，鲜汤适量

调料

鸡粉2克，盐2克，生抽4毫升，芝麻油3毫升，料酒少许

做法

❶ 洗好的黄瓜切开，去瓤，用斜刀切块。
❷ 洗净的猪瘦肉切开，再切薄片。
❸ 锅中加水烧开，倒入肉片，淋料酒，煮至变色。
❹ 捞出肉片，沥干水分，待用。
❺ 取一个碗，加鲜汤、鸡粉、盐、生抽，拌匀。
❻ 淋入芝麻油，调成味汁，待用。
❼ 另取一盘，放入黄瓜，摆放整齐，放入瘦肉，叠放整齐，浇上味汁，摆好盘即成。

香辣肉丝白菜

◉难易度：★★☆ ◉功效：开胃消食

材料

猪瘦肉60克，白菜85克，香菜20克，姜丝、葱丝各少许

调料

盐2克，生抽3毫升，鸡粉2克，白醋6毫升，芝麻油7毫升，料酒4毫升，食用油适量

做法

1. 洗净的白菜切段，再切粗丝。
2. 洗好的香菜切段。
3. 洗净的猪瘦肉切细丝。
4. 取一个碗，放入白菜，待用。
5. 用油起锅，倒入肉丝略炒。
6. 倒入姜丝、葱丝，爆香。
7. 加入料酒、1克盐、3毫升生抽，炒匀。
8. 关火后盛出炒好的材料，倒在白菜上，拌匀，再倒入香菜。
9. 加入盐、鸡粉、白醋、芝麻油，拌匀，盛入盘中即可。

跟着做不会错：猪肚食用前一定要将内部的油脂和筋膜去除，不然会影响味道。

凉拌猪肚丝

◉难易度：★★★　◉功效：增强免疫力

材料

洋葱150克，黄瓜70克，猪肚300克，沙姜、草果、八角、桂皮各适量，姜片、蒜末、葱花各少许

调料

盐3克，鸡粉2克，生抽4毫升，白糖3克，芝麻油5毫升，辣椒油4毫升，胡椒粉2克，陈醋3毫升

做法

1. 洗好的洋葱切薄片，再切成丝。
2. 洗净的黄瓜切成片，再切成细丝，备用。
3. 锅中注入适量清水烧开，倒入洋葱。
4. 搅拌匀，煮至断生，捞出材料，沥干水分，待用。
5. 砂锅中注入适量清水，用大火烧热。
6. 放入沙姜、草果、八角、桂皮、姜片。
7. 放入洗好的猪肚，加入少许盐、生抽。
8. 盖上锅盖，烧开后用小火卤约2小时。
9. 揭开锅盖，捞出猪肚，放凉待用。
10. 将放凉的猪肚切成细丝，备用。
11. 取一个大碗，倒入猪肚丝和部分黄瓜丝。
12. 加入盐、白糖、鸡粉、生抽、芝麻油。
13. 再倒入辣椒油、胡椒粉、陈醋。
14. 撒上备好的蒜末，搅拌片刻至食材入味。
15. 取一个盘子，铺上剩余的黄瓜丝，放入洋葱丝。
16. 盛出拌好的菜肴，点缀上葱花即可。

凉拌牛肉紫苏叶

◉难易度：★★★　◉功效：增强免疫力

材料

牛肉100克，紫苏叶5克，蒜瓣10克，大葱20克，胡萝卜250克，姜片适量

调料

盐4克，白酒10毫升，香醋8毫升，鸡粉2克，芝麻酱4克，芝麻油、生抽各少许

跟着做不会错：牛肉丝可以切得细一点，这样会更易入味。

做法

❶ 砂锅置于火上，倒入适量清水，用大火烧热。

❷ 倒入备好的蒜瓣、姜片，放入洗净的牛肉，淋入白酒。

❸ 加入少许盐，淋生抽，匀速地搅拌一会儿，至材料入味。

❹ 盖上锅盖，用中火煮90分钟至全部材料熟软。

❺ 揭开砂锅盖，将煮好的牛肉捞出，放凉备用。

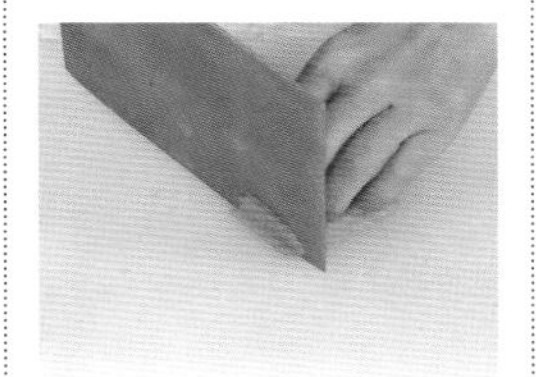

❻ 胡萝卜用清水洗净，去皮后切成片，再切成细丝。

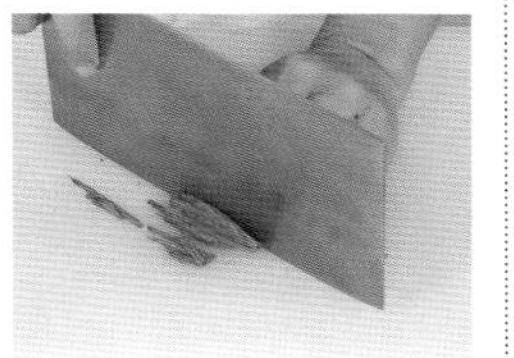

❼ 将放凉的牛肉切片，再切成丝。

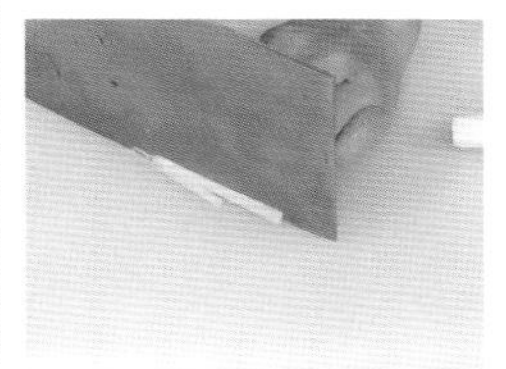

❽ 洗好的大葱切成细丝后，放入凉水中，备用。

❾ 紫苏叶用清水洗净，切去梗，再切丝，待用。

❿ 取一个碗，放入牛肉丝、胡萝卜丝、大葱丝。

⓫ 再放入切好的紫苏叶，加入盐、香醋、鸡粉。

⓬ 加入少许芝麻油，搅拌匀，放入芝麻酱，搅拌匀，将拌好的菜装盘即可。

凉拌牛百叶

◉难易度：★★★ ◉功效：益气补血

材料

牛百叶350克，胡萝卜75克，花生碎55克，荷兰豆50克，蒜末20克

调料

盐、鸡粉各2克，白糖4克，生抽4毫升，芝麻油、食用油各少许

做法

1. 洗净去皮的胡萝卜切细丝。
2. 洗好的牛百叶切片。
3. 洗净的荷兰豆切成细丝。
4. 锅中注入适量清水烧开，倒入牛百叶，拌匀，煮约1分钟。
5. 捞出牛百叶，沥干水分，待用。
6. 沸水锅中加入食用油拌匀，略煮。
7. 倒入胡萝卜，搅拌均匀，放入荷兰豆，拌匀。
8. 焯至材料断生，捞出材料，沥干水分，装盘备用。
9. 取一盘，盛入部分胡萝卜、荷兰豆垫底，待用。
10. 取一碗，倒入牛百叶，放入余下的胡萝卜、荷兰豆。
11. 加入盐、白糖、鸡粉，撒上蒜末。
12. 淋入生抽、芝麻油，拌匀。
13. 加入花生碎，拌匀至其入味。
14. 将拌好的材料盛盘，摆好即可。

Tips

跟着做不会错：牛百叶要确保煮熟软，以免影响口感。

米椒拌牛肚

◉难易度：★★☆　◉功效：益气补血

材料

牛肚200克，泡小米椒45克，蒜末、葱花各少许

调料

盐4克，鸡粉4克，辣椒油4毫升，料酒10毫升，生抽8毫升，芝麻油2毫升，花椒油2毫升

做法

❶ 锅中注入适量清水烧开，倒入切好的牛肚。
❷ 淋入料酒、生抽，放入少许盐、鸡粉，拌匀。
❸ 盖上盖，用小火煮1小时，至牛肚熟透。
❹ 揭开盖，捞出煮好的牛肚，沥干水分，备用。
❺ 将牛肚装碗，加泡小米椒、蒜末、葱花。
❻ 放入盐、鸡粉，淋入辣椒油、芝麻油、花椒油。
❼ 搅拌至食材入味，将拌好的牛肚装盘即可。

葱油拌羊肚

◉难易度：★★☆　◉功效：益气补血

材料

熟羊肚400克，大葱50克，蒜末少许

调料

盐2克，生抽4毫升，陈醋4毫升，葱油、辣椒油各适量

做法

❶ 将洗净的大葱切成丝。
❷ 熟羊肚洗净，切块，切细条。
❸ 锅中注入适量清水烧开，放入羊肚条，煮沸。
❹ 把羊肚条捞出，沥干水分。
❺ 将羊肚条倒入碗中，加入大葱、蒜末。
❻ 加盐、生抽、陈醋、葱油、辣椒油，拌匀。
❼ 将拌好的羊肚条装盘即可。

三油西芹鸡片

◉难易度：★★★　◉功效：清热解毒

■■ 材料

鸡胸肉170克，西芹100克，花生碎30克，葱花少许

■■ 调料

盐2克，鸡粉2克，料酒7毫升，生抽4毫升，辣椒油6毫升

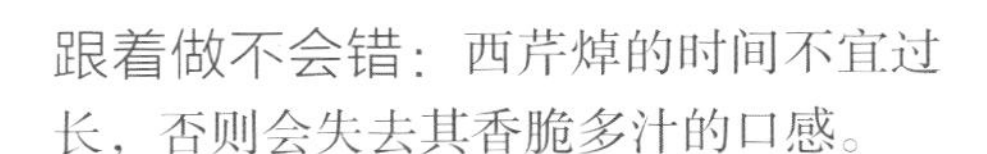

跟着做不会错：西芹焯的时间不宜过长，否则会失去其香脆多汁的口感。

做法

❶锅中注入适量清水烧热，倒入洗净的鸡胸肉，淋入料酒。

❷盖上锅盖，烧开后用中火煮约15分钟至鸡胸肉熟。

❸揭开锅盖，捞出鸡胸肉，装入备好的盘中，放凉待用。

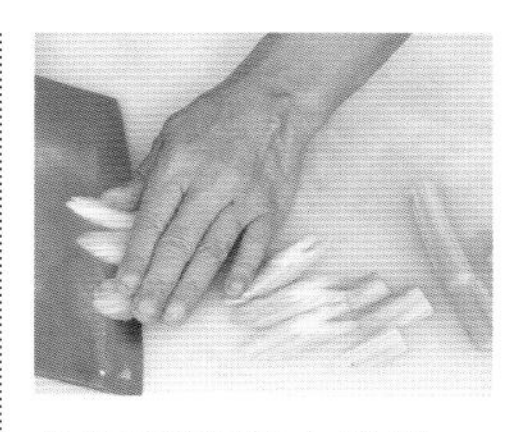

❹西芹用清水洗净，再用斜刀切段。

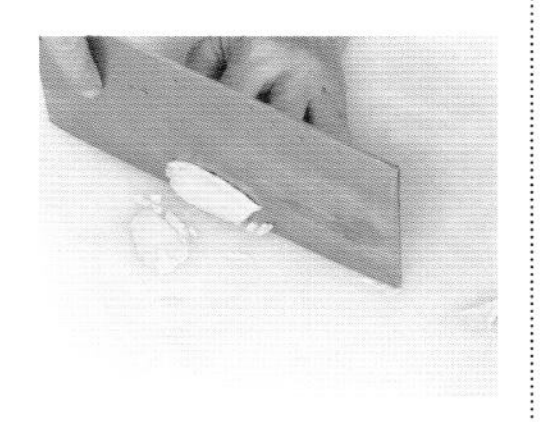

❺把放凉的鸡胸肉切成片。

❻锅中注入适量清水烧开，倒入西芹，拌匀，焯至熟。

❼捞出焯好的西芹，沥干水分，放入盘中，待用。

❽取一个小碗，加入盐、鸡粉、生抽、辣椒油。

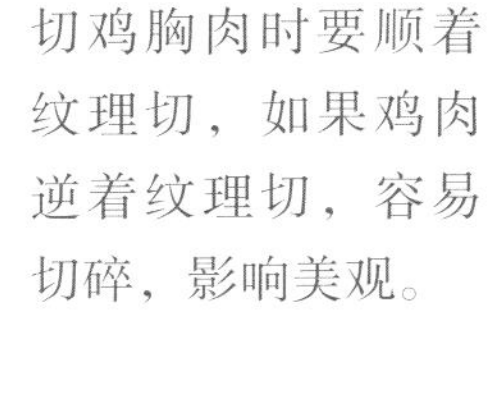

切鸡胸肉时要顺着纹理切，如果鸡肉逆着纹理切，容易切碎，影响美观。

❾倒入花生碎，拌匀，撒上葱花，拌匀，调成味汁。

❿另取一个干净的盘子，倒入西芹，摆放整齐，再放入鸡胸肉，摆放好。

⓫再浇上调好的味汁即可。

凉拌手撕鸡

◉难易度：★☆☆　◉功效：增强免疫力

材料

熟鸡胸肉160克，红椒、青椒各20克，葱花、姜末各少许

调料

盐2克，鸡粉2克，生抽4毫升，芝麻油5毫升

做法

❶ 洗好的红椒切开，去籽，再切细丝。
❷ 洗净的青椒切开，去籽，再切细丝。
❸ 把熟鸡胸肉撕成细丝，待用。
❹ 取一个干净的大碗，倒入鸡肉丝、青椒、红椒、葱花、姜末。
❺ 加入盐、鸡粉、生抽、芝麻油。
❻ 搅拌匀，至食材入味。
❼ 将拌好的菜肴装入盘中即成。

怪味鸡丝

◉难易度：★★★　◉功效：开胃消食

材料

鸡胸肉160克，绿豆芽55克，姜末、蒜末各少许

调料

芝麻酱5克，鸡粉2克，盐2克，生抽5毫升，白糖3克，陈醋6毫升，辣椒油、花椒油各适量

做法

❶ 锅中水烧开，倒入鸡胸肉。
❷ 盖上盖，烧开后续煮15分钟。
❸ 揭开盖，捞出鸡胸肉，装盘。
❹ 把放凉的鸡胸肉切粗丝。
❺ 锅中注水烧开，倒入洗好的绿豆芽，拌匀，焯至断生。
❻ 捞出绿豆芽，沥干水分待用。
❼ 将鸡肉丝放在绿豆芽上。
❽ 碗中放入芝麻酱、鸡粉、盐、生抽、白糖、陈醋、辣椒油、花椒油、蒜末、姜末，拌匀，制成味汁。
❾ 将味汁浇在鸡肉丝上即可。

跟着做不会错：茼蒿鲜嫩可口，焯的时间不宜太长，以免破坏其脆嫩的口感。

茼蒿拌鸡丝

◉难易度：★★★　◉功效：降低血压

材料

鸡胸肉160克，茼蒿120克，彩椒50克，蒜末、熟白芝麻各少许

调料

盐3克，鸡粉2克，生抽7毫升，水淀粉、芝麻油、食用油各适量

做法

❶ 将洗净的茼蒿切成段。
❷ 洗好的彩椒切粗丝。
❸ 洗净的鸡胸肉切薄片，再切成丝。
❹ 把鸡肉丝放入碗中。
❺ 加盐、鸡粉，加入水淀粉，拌匀上浆。
❻ 注入少许食用油，腌渍约10分钟至鸡肉丝入味。
❼ 锅中注入适量清水烧开，再加入少许食用油、盐。
❽ 倒入彩椒丝，再放入切好的茼蒿，搅拌匀，煮约半分钟。
❾ 至材料断生后捞出，沥干水分，待用。
❿ 沸水锅中倒入腌渍好的鸡肉丝，搅匀，略煮一会儿。
⓫ 至鸡肉丝熟软后捞出，沥干水分，待用。
⓬ 取一个碗，倒入焯熟的彩椒丝、茼蒿。
⓭ 放入焯熟的鸡肉丝，撒上蒜末。
⓮ 加入盐、鸡粉，淋入生抽、芝麻油。
⓯ 快速搅拌一会儿，至食材入味。
⓰ 取一个干净的盘子，盛入拌好的食材，撒上熟白芝麻，摆好盘即成。

苦瓜拌鸡片

◉难易度：★★☆ ◉功效：益气补血

材料

苦瓜120克，鸡胸肉100克，彩椒25克，蒜末少许

调料

盐3克，鸡粉、生抽、食粉、黑芝麻油、水淀粉、食用油各适量

做法

❶ 苦瓜、彩椒、鸡胸肉均切片。
❷ 鸡肉片中加盐、鸡粉、食用油，再加入水淀粉搅拌匀，腌渍10分钟。
❸ 水烧开，加入食用油，放入彩椒，煮片刻捞出。
❹ 锅中加食粉，放入苦瓜，煮1分钟捞出，沥干水分待用。
❺ 鸡肉片入油锅滑油至转色。
❻ 捞出鸡肉片，沥干油。
❼ 取一个大碗，倒入苦瓜。
❽ 加入彩椒、鸡肉片、蒜末，加入盐、鸡粉。
❾ 加入生抽、芝麻油，拌匀即成。

蒜汁肉片

◉难易度：★★☆ ◉功效：增强免疫力

材料

鸡胸肉、蒜末、葱花各适量

调料

盐2克，鸡粉2克，水淀粉12毫升，生抽4毫升，芝麻油10毫升，陈醋12毫升，食用油少许

做法

❶ 洗净的鸡胸肉切成薄片。

❷ 把切好的鸡肉片装入碗中，加入少许盐、鸡粉，淋入水淀粉，拌匀，倒入少许食用油，搅拌匀，腌渍约10分钟。

❸ 砂锅中注入适量清水烧开，倒入腌好的鸡肉片，拌匀。

❹ 煮约1分钟，至其熟软。

❺ 捞出鸡肉片，装盘备用。

❻ 将葱花、蒜末放入碗中。

❼ 加入盐、鸡粉。

❽ 加入生抽、芝麻油、陈醋。

❾ 拌匀，调成味汁，在氽好的鸡肉片上浇上味汁即可。

鸡肉拌南瓜

◉难易度：★★☆　◉功效：补锌

材料

鸡胸肉100克，南瓜200克，牛奶80毫升

调料

盐少许

做法

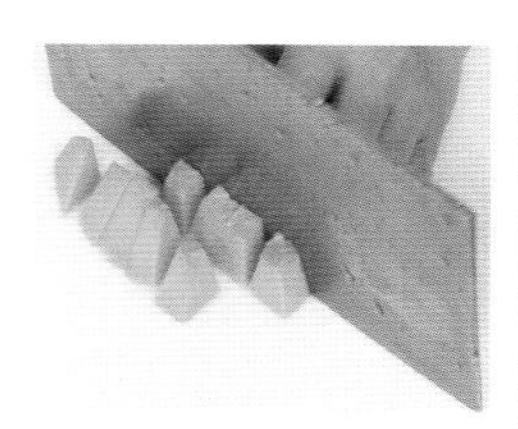

❶ 南瓜用清水洗净，去皮，切厚片，改切成丁。

❷ 鸡肉装入碗中，放少许盐，加少许清水，待用。

❸ 蒸锅上火烧开，分别放入装好盘的南瓜、鸡肉。

❹ 盖上蒸锅盖，用中火蒸15分钟，至锅中材料熟。

❺ 揭开蒸锅盖，取出蒸熟的鸡肉、南瓜。

❻ 鸡肉放砧板上，用刀把鸡肉拍散，再撕成丝。

❼ 将鸡肉丝倒入碗中，再放入南瓜。

❽ 加入适量牛奶，搅拌均匀。

❾ 取一个干净的盘子，将拌好的材料盛出，装入盘中。

❿ 再淋上牛奶即可。

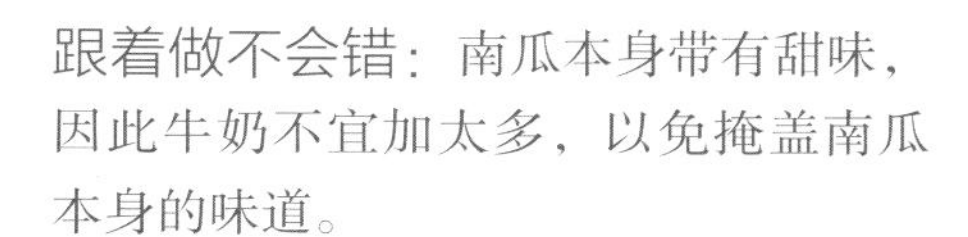

跟着做不会错：南瓜本身带有甜味，因此牛奶不宜加太多，以免掩盖南瓜本身的味道。

蛋丝拌韭菜

◉难易度：★★☆　◉功效：开胃消食

材料

韭菜80克，鸡蛋1个，生姜15克，白芝麻、蒜末各适量

调料

白糖、鸡粉各1克，生抽、香醋、花椒油、芝麻油各5毫升，辣椒油10毫升，食用油适量

做法

❶ 锅中加适量水烧开，倒入洗净的韭菜，煮一会儿至断生捞出，切段。
❷ 洗净的生姜切末。
❸ 取一碗，打入鸡蛋，搅散。
❹ 用油起锅，倒入蛋液煎焦。
❺ 将煎好的蛋皮盛出，切成丝。
❻ 碗中倒入姜末、蒜末、生抽、白糖、鸡粉、香醋、花椒油、辣椒油、芝麻油，拌成酱汁。
❼ 取碗，倒入韭菜、蛋丝拌匀。
❽ 撒上部分白芝麻。
❾ 淋酱汁，撒余下白芝麻即可。

红油皮蛋拌豆腐

◉难易度：★☆☆　◉功效：增强免疫力

材料

皮蛋2个，豆腐200克，蒜末、葱花各少许

调料

盐、鸡粉各2克，陈醋3毫升，红油6毫升，生抽3毫升

做法

1. 洗好的豆腐切成厚片，再切成条，改切成小块。
2. 去皮的皮蛋切成瓣，摆入盘中，备用。
3. 取一个碗，倒入蒜末，撒部分葱花。
4. 加入盐、鸡粉、生抽。
5. 再淋入陈醋、红油，调匀，制成味汁。
6. 将切好的豆腐放在皮蛋上。
7. 浇上调好的味汁，撒上剩余葱花即可。

拌鱿鱼丝

◉难易度：★☆☆　◉功效：益气补血

材料

鱿鱼肉120克，黄瓜160克

调料

盐1克，鸡粉1克，料酒4毫升，生抽3毫升，花椒油3毫升，辣椒油5毫升，陈醋4毫升

做法

❶ 洗净的黄瓜切段，再切片，改切成细丝，装盘。
❷ 洗好的鱿鱼肉切片，改切粗丝。
❸ 锅中注入适量清水烧开，加入料酒，倒入鱿鱼。
❹ 煮熟捞出，沥干水分，放入装有黄瓜的盘中。
❺ 取一个小碗，加入盐、鸡粉、生抽、花椒油、辣椒油、陈醋。
❻ 拌匀，调成味汁。
❼ 将味汁浇在鱿鱼上即可。

青椒鱿鱼丝

◉难易度：★★☆ ◉功效：开胃消食

材料

鱿鱼肉140克，青椒90克，红椒25克

调料

料酒4毫升，盐2克，鸡粉1克，生抽、花椒油各3毫升，辣椒油5毫升，芝麻油4毫升，陈醋6毫升

做法

❶ 洗好的青椒、红椒、鱿鱼肉切粗丝，备用。
❷ 水烧开，淋入料酒，倒入鱿鱼拌匀，煮至断生。
❸ 捞出鱿鱼，沥干水分，装盘待用。
❹ 沸水锅中倒入青椒、红椒，焯至断生，捞出。
❺ 将鱿鱼肉倒入碗中，加入青椒、红椒，拌匀。
❻ 加入盐、鸡粉、生抽、辣椒油、芝麻油、陈醋、花椒油。
❼ 拌匀后，取一个盘子，盛入拌好的菜肴即可。

跟着做不会错：鱿鱼的腌渍时间可适当长一些，这样能减轻其腥味。

蒜薹拌鱿鱼

◉难易度：★★★　◉功效：保肝护肾

材料

鱿鱼肉200克，蒜薹120克，彩椒45克，蒜末少许

调料

豆瓣酱8克，盐3克，鸡粉2克，生抽4毫升，料酒、辣椒油、芝麻油、食用油各适量

做法

❶ 洗净的蒜薹切小段。
❷ 洗好的彩椒切粗丝。
❸ 处理干净的鱿鱼肉切块，再切粗丝。
❹ 把鱿鱼丝装入碗中，加入少许盐、鸡粉。
❺ 淋入料酒，拌匀，去除腥味。
❻ 腌渍约10分钟，至其入味。
❼ 锅中注入适量清水烧开，放入食用油。
❽ 倒入切好的蒜薹、彩椒，再加入少许盐，搅拌匀。
❾ 用大火焯约半分钟，至材料断生后捞出，沥干水分，待用。
❿ 沸水锅中再倒入腌渍好的鱿鱼丝，拌匀。
⓫ 焯约1分钟后，捞出煮好的鱿鱼，沥干水分，待用。
⓬ 将焯熟的蒜薹和彩椒倒入碗中，放入焯熟的鱿鱼丝。
⓭ 加入盐、鸡粉、豆瓣酱，撒上蒜末。
⓮ 淋入辣椒油、生抽，搅拌匀。
⓯ 倒入芝麻油，快速搅拌匀，至食材入味。
⓰ 取一个干净的盘子，盛入菜肴即成。

白菜拌虾干

◉难易度：★★☆ ◉功效：增强免疫力

材料

白菜梗140克，虾米65克，蒜末、葱花各少许

调料

盐、鸡粉各2克，生抽4毫升，陈醋、芝麻油、食用油各适量

做法

❶ 将洗净的白菜梗切成细丝。
❷ 热锅注油，烧至四五成热。
❸ 放入虾米，拌匀，炸约2分钟。
❹ 至虾米熟透后，捞出虾米，沥干油，待用。
❺ 取一碗，倒入切好的白菜梗。
❻ 加入盐、鸡粉，再淋上生抽、食用油。
❼ 注入芝麻油、陈醋，撒上蒜末、葱花。
❽ 匀速搅拌一会儿，放入炸好的虾米，搅拌匀，至食材入味。
❾ 取一盘盛入菜肴，摆好盘即可

虾皮拌香菜

◉难易度：★☆☆　◉功效：开胃消食

材料

水发粉皮100克，虾皮40克，香菜梗30克，红椒20克，姜丝少许

调料

盐、鸡粉各2克，生抽4毫升，芝麻油6毫升，陈醋7毫升

做法

❶ 洗净的红椒切开，去籽，再切粗丝，备用。

❷ 碗中加香菜梗、红椒、粉皮、姜丝、虾皮。

❸ 加入盐、鸡粉、生抽、芝麻油、陈醋。

❹ 拌匀，至食材入味。

❺ 将拌好的菜肴盛入盘中即可。

海米拌三脆

◉难易度：★★☆　◉功效：安神助眠

材料

莴笋140克，黄瓜120克，水发木耳50克，水发海米30克，红椒片少许

调料

盐2克，鸡粉1克，白糖3克，芝麻油4毫升

跟着做不会错：泡海米的水味道很鲜，可以在烧菜的时候用。

做法

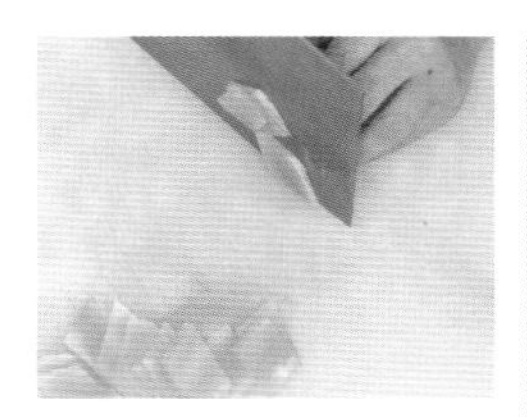

❶莴笋用清水洗净，去皮，斜刀切段，再切成菱形片。

❷黄瓜用清水洗净，切片，再用斜刀切菱形片。

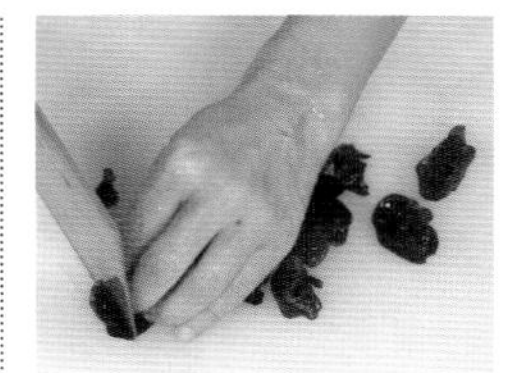

❸木耳放入盆中，用清水洗净，捞出，沥干水分，切成小块。

❹锅中注入适量清水烧开，倒入木耳，煮至断生。

❺捞出木耳，沥干水分，待用。

❻沸水锅中倒入海米，拌匀，汆去多余盐分。

❼捞出海米，沥干水分，待用。

❽取一个碗，倒入莴笋、黄瓜、木耳，加入盐。

❾用筷子拌匀，腌渍约2分钟。

❿再倒入海米、红椒片，加入鸡粉、白糖、芝麻油。

⓫用筷子匀速地搅拌一会儿，至所有食材入味。

⓬取一个干净的盘子，将拌好的菜肴盛入盘中即可。

虾干拌红皮萝卜

◉难易度：★★☆ ◉功效：补钙

材料

红皮萝卜160克，苦瓜80克，海米50克

调料

盐2克，鸡粉2克，芝麻油8毫升，食粉少许

做法

❶ 洗净的红皮萝卜切条。
❷ 洗好的苦瓜切条。
❸ 水烧开，倒入海米煮约1分钟。
❹ 把海米捞出，沥干水分。
❺ 另起锅，注入适量清水烧开，倒入苦瓜，放入少许食粉，拌匀，煮至八九成熟。
❻ 把煮好的苦瓜捞出，沥干水分，待用。
❼ 取一个大碗，倒入红皮萝卜、苦瓜、海米。
❽ 加盐、鸡粉、芝麻油，拌匀。
❾ 将拌好的菜肴装入盘中即可。

上海青拌海米

◉难易度：★☆☆ ◉功效：增强免疫力

材料

上海青125克，熟海米35克，姜末、葱末各少许

调料

盐2克，白糖2克，陈醋10毫升，鸡粉2克，芝麻油8毫升，食用油适量

做法

❶ 洗净的上海青切去根部，再切成两段。

❷ 锅中注入适量清水烧开，放入上海青梗，淋入食用油，煮至断生。

❸ 放入上海青叶，拌匀，焯至软。

❹ 捞出焯好的上海青，沥干水分，待用。

❺ 取一个碗，倒入上海青，撒上姜末、葱末。

❻ 放入盐、白糖、陈醋、鸡粉、芝麻油，拌匀。

❼ 加入熟海米搅拌均匀后，装盘即可。

蒜香拌蛤蜊

◉难易度：★★☆ ◉功效：降低血压

材料

莴笋120克，水发木耳40克，彩椒70克，蛤蜊肉70克，蒜末少许

调料

盐3克，白糖3克，陈醋5毫升，蒸鱼豉油2毫升，芝麻油2毫升，食用油适量

做法

❶木耳放入盆中，加入适量清水洗净，捞出，沥干水分，切成小块。

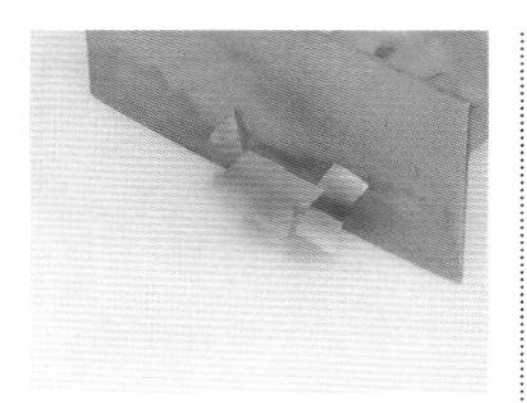

❷洗净去皮的莴笋用斜刀切段，再改刀切成片。

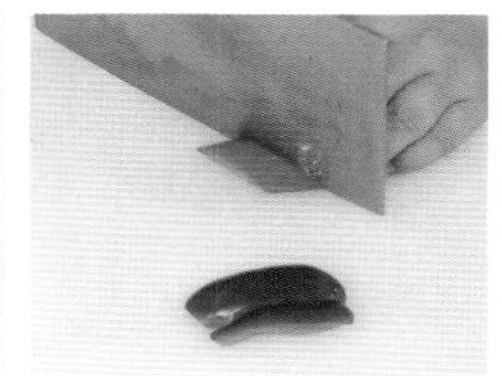

❸彩椒用清水洗净，切开，去籽，切条，改切成小块。

❹锅中注入适量清水烧开，放入少许盐，淋食用油。

❺倒入处理好的莴笋、木耳、彩椒，搅拌匀。

❻加入洗净的蛤蜊肉，汆半分钟。

❼将锅中材料捞出，沥干水分。

❽取一个大碗，把汆好的材料倒入碗中，放入蒜末。

❾加入白糖、陈醋、盐、蒸鱼豉油，淋入芝麻油，拌匀调味。

❿取一个干净的盘子，将拌好的菜肴装入盘中即可。

Tips

跟着做不会错：莴笋入锅后，立即滴几滴醋，可使莴笋片脆嫩爽口；汆好的蛤蜊肉可用凉开水再清洗一下，口感会更好。

毛蛤拌菠菜

◉难易度：★★☆ ◉功效：降低血压

材料

毛蛤300克，菠菜120克，彩椒丝40克，蒜末少许

调料

盐3克，鸡粉2克，生抽4毫升，陈醋10毫升，芝麻油、食用油各适量

做法

❶ 洗净的菠菜去根部，切小段。
❷ 锅中注水烧开，加入食用油。
❸ 倒入菠菜、彩椒丝，搅匀。
❹ 煮约1分钟捞出，沥干水分。
❺ 再倒入洗净的毛蛤，搅匀，用大火煮一会儿。
❻ 至其熟透后捞出，沥干水分。
❼ 取一个碗，倒入菠菜和彩椒。
❽ 撒上蒜末，倒入煮熟的毛蛤。
❾ 加生抽、盐、鸡粉、陈醋、芝麻油拌匀，摆好盘即成。

海蜇拌魔芋丝

◉难易度：★☆☆　◉功效：降低血压

材料

海蜇丝120克，魔芋丝140克，彩椒70克，蒜末少许

调料

盐、鸡粉各少许，白糖3克，芝麻油2毫升，陈醋5毫升

做法

❶ 洗净的彩椒切条，备用。
❷ 锅中注入适量清水烧开，倒入洗净的海蜇丝，煮半分钟。
❸ 加魔芋丝搅拌匀，煮半分钟。
❹ 再放入彩椒，略煮片刻。
❺ 捞出煮好的食材，沥干水分。
❻ 把焯过水的材料装入碗中，放入蒜末。
❼ 加入盐、鸡粉、白糖。
❽ 淋入芝麻油、陈醋拌匀调味。
❾ 将拌好的菜肴装盘即可。

芝麻苦瓜拌海蜇

◉难易度：★★☆　◉功效：降低血压

材料

苦瓜200克，海蜇丝100克，彩椒40克，熟白芝麻10克

调料

鸡粉2克，白糖3克，盐少许，陈醋5毫升，芝麻油2毫升，食用油适量

做法

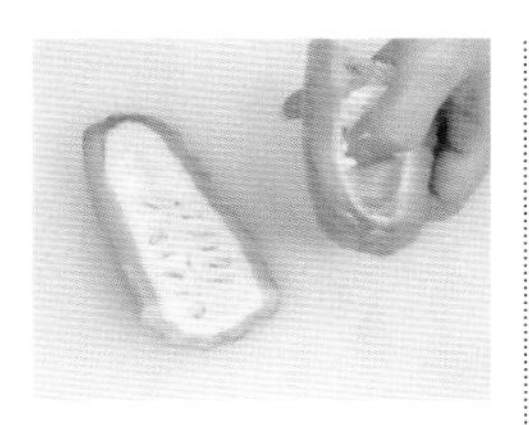

❶ 苦瓜放入盆中，加入适量清水洗净，对半切开，去籽。

❷ 用刀将苦瓜切成段，改切成条。

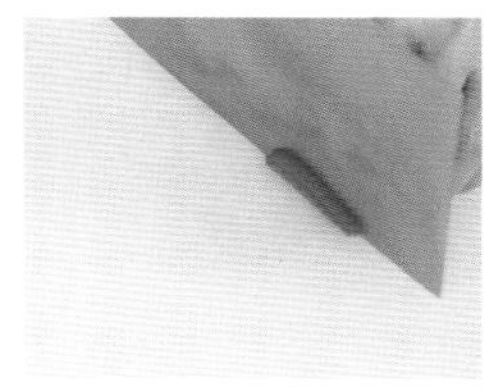

❸ 彩椒用清水洗净，切开，去籽，切片，再切成条。

❹ 锅中注入适量清水烧开，倒入洗净的海蜇丝，搅散。

❺ 放入适量食用油，煮1分钟。

❻ 加入苦瓜，再放入彩椒，拌匀，煮1分钟，至其断生。

❼ 捞出煮好的海蜇丝、苦瓜和彩椒，沥干水分，待用。

❽ 把焯过水的材料装入碗中，放入盐、鸡粉、白糖。

❾ 淋入陈醋、芝麻油，用筷子匀速地搅拌至食材入味。

❿ 将拌好的菜肴装入盘中，撒上熟白芝麻即可。

Tips

跟着做不会错：苦瓜去籽后可以再将里面白色的瓤刮掉，这样可以降低苦瓜的苦味。

心里美拌海蜇

◉难易度：★☆☆　◉功效：降低血压

材料

海蜇丝100克，心里美萝卜200克，蒜末少许

调料

盐、鸡粉各少许，白糖3克，陈醋4毫升，芝麻油2毫升

做法

❶ 洗净去皮的心里美萝卜切片，改切成丝，备用。
❷ 锅中加水烧开，倒入洗净的海蜇丝煮1分钟。
❸ 再加入心里美萝卜搅拌匀，煮1分钟。
❹ 捞出焯好的食材，沥干水分。
❺ 把焯过水的材料装入碗中，放入蒜末。
❻ 加入盐、鸡粉、白糖。
❼ 淋入陈醋、芝麻油，拌匀调味，盛出拌好的菜肴，装入盘中即可。

芝麻双丝海带

◉难易度：★☆☆ ◉功效：增强免疫力

材料

水发海带85克，青椒45克，红椒25克，姜丝、葱丝、熟白芝麻各少许

调料

盐、鸡粉各2克，生抽4毫升，陈醋7毫升，辣椒油6毫升，芝麻油5毫升

做法

1. 洗好的红椒切细丝。
2. 洗净的青椒切细丝。
3. 洗好的海带切细丝。
4. 水烧开，倒入海带煮至断生。
5. 放入青椒、红椒，略煮片刻。
6. 捞出材料，沥干水分，待用。
7. 取一个大碗，倒入焯过水的材料，放入姜丝、葱丝，拌匀。
8. 加入盐、鸡粉、生抽、陈醋、辣椒油、芝麻油，拌匀。
9. 撒上熟白芝麻拌匀即可。

黄花菜拌海带丝

◉难易度：★★☆ ◉功效：降低血压

材料

水发黄花菜100克，海带80克，彩椒50克，蒜末、葱花各少许

调料

盐3克，鸡粉2克，生抽4毫升，白醋5毫升，陈醋8毫升，芝麻油少许

做法

❶ 洗净的彩椒、海带均切丝。
❷ 锅中注入适量清水烧开，淋入白醋。
❸ 倒入海带丝略煮，放入洗净的黄花菜。
❹ 搅拌匀，加入少许盐搅拌一下。
❺ 放入彩椒丝，用大火续煮。
❻ 材料熟透后捞出，沥干水分。
❼ 把煮熟的食材装入碗中，撒上蒜末、葱花。
❽ 加入盐、鸡粉，淋入生抽、芝麻油、陈醋，搅拌匀。
❾ 盛出拌好的菜肴即成。

Part 3

爽口小炒菜

很多人认为家常炒菜就是处理材料、调好调料后用火炒熟即可，可是说来简单，做起来却并不总是那么顺手，因为这里面还是存在许多门道。

本部分主要介绍家常小炒菜的烹饪方法，每道菜都配有精美的大图和详细的步骤图，稍微用点心，就能掌握炒菜的技巧。

胡萝卜丝炒包菜

◉难易度：★☆☆　◉功效：开胃消食

材料

胡萝卜150克，包菜200克，圆椒35克

调料

盐、鸡粉各2克，食用油适量

做法

❶ 洗净去皮的胡萝卜切片，改切成丝。
❷ 洗好的圆椒切细丝。
❸ 洗净的包菜切去根部，再切粗丝，备用。
❹ 用油起锅，倒入胡萝卜，炒匀。
❺ 放入包菜、圆椒，炒匀。
❻ 注入少许清水，炒至材料断生。
❼ 加入盐、鸡粉，炒匀调味，关火后盛出炒好的菜肴即可。

青椒炒白菜

◉难易度：★☆☆　◉功效：清热解毒

材料

白菜120克，青椒40克，红椒10克

调料

盐、鸡粉各2克，食用油适量

做法

1. 洗好的白菜切段，再切丝。
2. 洗净的青椒切段，切开，去籽，切粗丝。
3. 洗好的红椒切开，去籽，切粗丝。
4. 用油起锅，倒入青椒，炒匀。
5. 放入红椒，炒匀，倒入白菜梗，炒至变软。
6. 放入白菜叶，用大火快炒。
7. 转小火，加入盐、鸡粉，翻炒匀，至食材入味，关火后盛出炒好的菜肴即可。

白菜炒菌菇

◉难易度：★☆☆　◉功效：降低血糖

材料

大白菜200克，蟹味菇60克，香菇50克，姜片、葱段各少许

调料

盐3克，鸡粉少许，蚝油5毫升，水淀粉、食用油各适量

做法

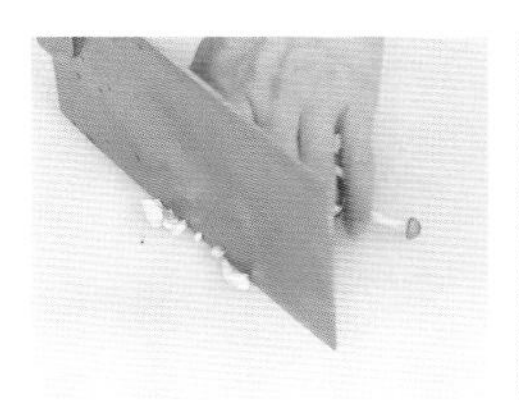

❶ 将蟹味菇用清水洗净，用刀切去底部的老茎。

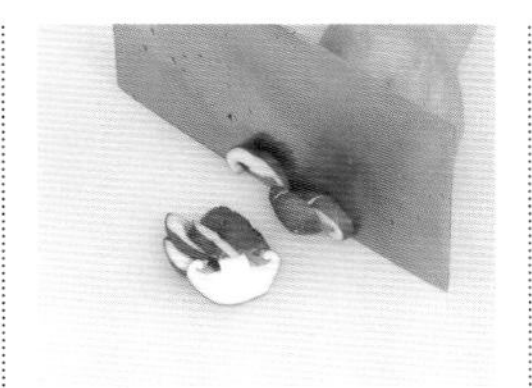

❷ 香菇用清水洗净，切成片。

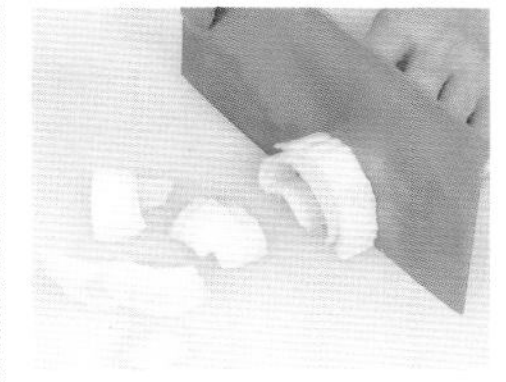

❸ 洗净的大白菜从中间切开，然后再切成小块。

❹ 锅中注入适量清水烧开，加入少许盐、食用油。

❺ 倒入白菜块，再放入切好的香菇、蟹味菇，搅拌均匀，煮约半分钟。

❻ 捞出焯好的材料，沥干水分，放入盘中待用。

❼ 用油起锅，放入姜片、葱段，爆香。

❽ 倒入焯过的材料，再加入蚝油、鸡粉、盐，炒匀调味。

❾ 倒入水淀粉，转中火，快速翻炒一会儿，至食材入味，关火后盛入盘中即成。

Tips 

跟着做不会错：焯白菜时，先放入白菜梗煮一会儿，接着再放入白菜叶，这样可避免白菜梗和白菜叶生熟不匀，炒出的菜肴口感才会更佳。

腰果炒空心菜

◉难易度：★★☆ ◉功效：清热解毒

材料

空心菜100克，腰果70克，彩椒15克，蒜末少许

调料

盐2克，白糖、鸡粉、食粉各3克，水淀粉、食用油各适量

跟着做不会错：空心菜的根部较硬，应将其切除，以免影响菜肴的口感。

做法

❶ 洗净的彩椒切片，改切成细丝，盛入盘中待用。

❷ 锅中注入适量清水，大火烧开后，撒上食粉。

❸ 倒入洗净的腰果，拌匀，略煮一会儿。

❹ 捞出腰果，沥干水分，盛入盘中待用。

❺ 另起锅，注入适量清水烧开，放入洗净的空心菜。

❻ 拌匀，焯至断生，捞出焯好的空心菜，沥干水分，盛入盘中待用。

❼ 热锅注油，烧至三成热，倒入腰果。

❽ 拌匀，用小火炸约至6分钟，至其散出香味。

❾ 捞出炸好的腰果，沥干油，待用。

❿ 用油起锅，倒入蒜末，爆香。

⓫ 倒入彩椒丝，炒匀，放入焯过水的空心菜，转小火，加入盐、白糖、鸡粉。

⓬ 用水淀粉勾芡，关火后盛出炒好的菜肴，装入盘中，点缀上熟腰果即成。

慈姑炒芹菜

◉难易度：★★☆ ◉功效：降低血压

材料

慈姑100克，芹菜100克，彩椒50克，蒜末、葱段各适量

调料

盐1克，鸡粉4克，水淀粉4毫升，食用油适量

做法

❶ 洗好的慈姑切成片；洗净的芹菜切成段，备用。
❷ 洗好的彩椒切成小块。
❸ 锅中注入清水烧开，放少许盐、鸡粉。
❹ 倒入彩椒、慈姑焯1分钟。
❺ 将焯好的材料捞出，沥干水分，待用。
❻ 蒜末、葱段入油锅爆香。
❼ 放入芹菜段、彩椒、慈姑，翻炒均匀。
❽ 加入盐、鸡粉，炒匀调味。
❾ 倒入水淀粉，快速翻炒均匀，关火后将菜肴盛入盘中即可。

红椒西红柿炒花菜

◉难易度：★★☆　◉功效：开胃消食

材料

花菜250克，西红柿120克，红椒10克

调料

盐2克，鸡粉2克，白糖4克，水淀粉6毫升，食用油适量

做法

❶ 花菜切小朵；西红柿切小瓣；红椒切成片。

❷ 锅中注水烧开，倒入花菜、少许食用油，煮至断生。

❸ 放入红椒，拌匀，略焯一会儿。

❹ 捞出焯好的材料，沥干水分，装盘待用。

❺ 用油起锅，倒入焯过水的材料。

❻ 放入西红柿，用大火快炒。

❼ 加入盐、鸡粉、白糖、水淀粉，炒匀，至食材入味，关火后盛出炒好的菜肴即成。

香菇松仁炒西葫芦

◉难易度：★★☆　◉功效：降低血压

材料

西葫芦150克，香菇80克，彩椒50克，松仁20克

调料

盐3克，鸡粉2克，水淀粉、食用油各适量

做法

❶ 将洗净的西葫芦切成片。
❷ 洗好的香菇切成片。
❸ 洗净的彩椒切开，再切成小块。
❹ 锅中注入适量清水烧开，加入少许盐、食用油。
❺ 放入香菇片，略煮，倒入切好的西葫芦，搅拌匀。
❻ 再放入彩椒块，拌匀煮约半分钟。
❼ 至材料断生后捞出，沥干水分。
❽ 锅中注入食用油，烧至三四成热。
❾ 倒入洗好的松仁，轻轻搅拌，关火，用余温炸约半分钟至其香脆。
❿ 捞出炸好的松仁，沥干油，待用。
⓫ 锅底留油，烧热，放入焯过水的材料，翻炒匀。
⓬ 加入盐、鸡粉，用大火翻炒一会儿，至材料熟透。
⓭ 倒入水淀粉，翻炒至材料入味。
⓮ 关火后盛出炒好的菜肴，装入盘中，撒上炸好的松仁即成。

Tips

跟着做不会错：松仁最好沥干水分后再放入油锅中，以免溅油。

榨菜炒白萝卜丝

◉难易度：★★☆　◉功效：降低血糖

材料

榨菜头120克，白萝卜200克，红椒40克，姜片、蒜末、葱段各少许

调料

盐2克，鸡粉2克，豆瓣酱10克，水淀粉、食用油各适量

跟着做不会错：翻炒萝卜丝的时间不宜过长，否则会炒出水，失去萝卜丝的脆劲。

■■ 做法

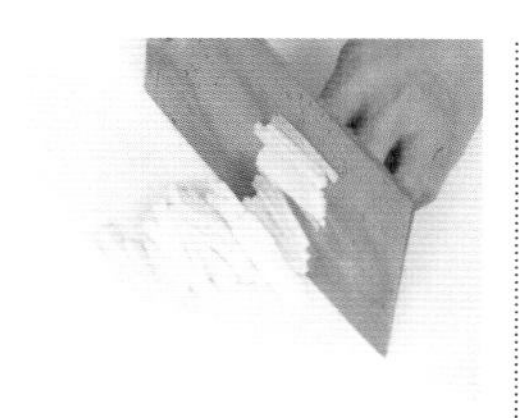

❶ 洗净去皮的白萝卜切片，改切成丝。

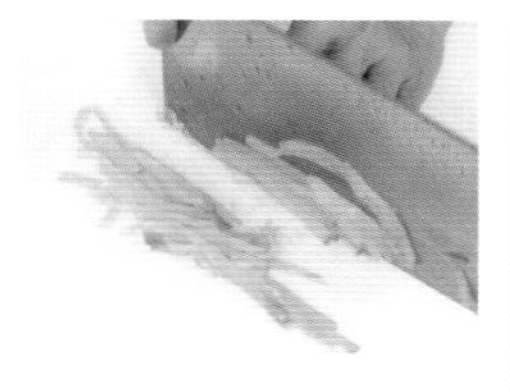

❷ 洗好的榨菜头切片，改切成丝。

❸ 洗净的红椒切开，去籽，改切成丝。

❹ 锅中注入适量清水烧开，加入少许食用油、盐，倒入榨菜丝，搅拌均匀，煮半分钟。

❺ 再倒入白萝卜丝，搅匀，再煮1分钟。

❻ 捞出焯好的榨菜和白萝卜，沥干水分，待用。

❼ 锅中注入食用油烧热，放入姜片、蒜末、葱段，加入红椒丝，爆香。

❽ 倒入焯过水的榨菜丝、白萝卜丝，翻炒均匀。

❾ 加入鸡粉、盐、豆瓣酱，炒匀。

❿ 倒入适量水淀粉。

⓫ 用锅铲翻炒均匀。

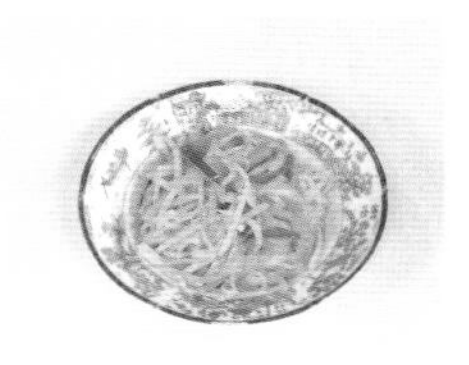

⓬ 关火后盛出炒好的菜肴，装入备好的盘中即可。

葱椒莴笋

◉难易度：★★☆　◉功效：降低血压

材料

莴笋200克，红椒30克，葱段、花椒、蒜末各少许

调料

盐4克，鸡粉2克，豆瓣酱10克，水淀粉8毫升，食用油适量

跟着做不会错：炒莴笋时可以少放点盐，这样成菜口感会更好。

做法

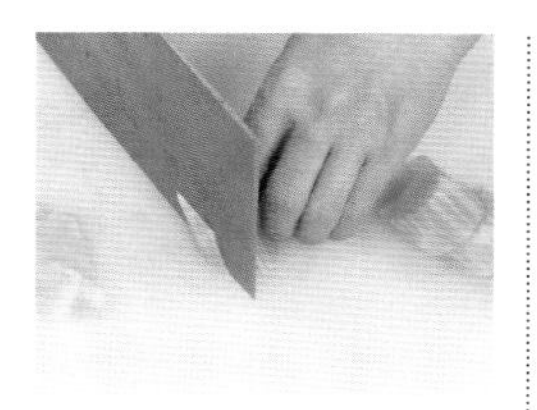

❶ 洗净去皮的莴笋用斜刀切成段，再切成片，备用。

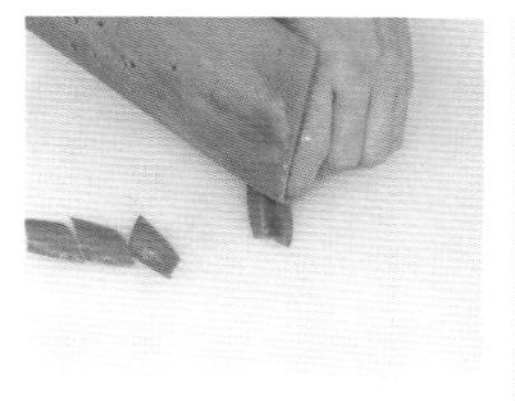

❷ 洗好的红椒切开，去籽，再切成小块，备用。

❸ 锅中注入适量清水烧开，倒入少许食用油、盐。

❹ 放入莴笋片，搅拌匀，焯1分钟，至其八成熟。

❺ 捞出焯煮好的莴笋，沥干水分，盛入盘中待用。

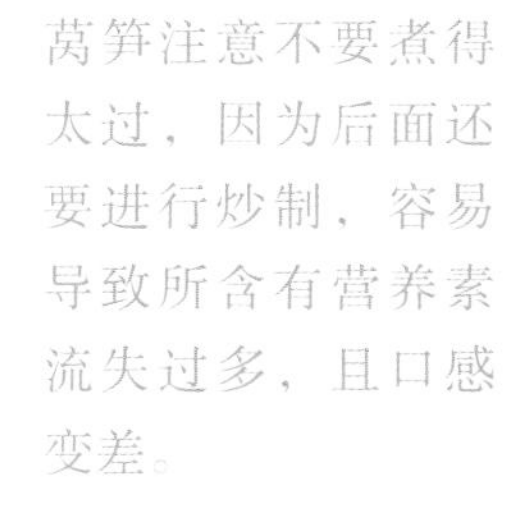

莴笋注意不要煮得太过，因为后面还要进行炒制，容易导致所含有营养素流失过多，且口感变差。

❻ 用油起锅，放入红椒、葱段、蒜末、花椒，爆香。

❼ 倒入焯过水的莴笋，快速翻炒均匀。

❽ 加入豆瓣酱、盐、鸡粉，炒匀调味。

❾ 淋入水淀粉。

❿ 快速翻炒均匀。

⓫ 关火后盛出炒好的菜装入盘中即可。

蚝油茭白

◉难易度：★☆☆　◉功效：降低血压

材料

茭白200克，彩椒80克

调料

盐3克，鸡粉3克，水淀粉4毫升，蚝油8毫升，食用油适量

做法

❶ 洗净去皮的茭白切成片；洗好的彩椒切成小块。
❷ 锅中注入适量清水烧开，放入少许盐、鸡粉。
❸ 倒入彩椒、茭白，拌匀，焯半分钟至其断生。
❹ 把焯好的彩椒、茭白捞出，沥干水分，备用。
❺ 用油起锅，倒入焯过水的彩椒和茭白，翻炒匀。
❻ 放入蚝油、盐、鸡粉，炒匀调味。
❼ 淋入水淀粉，快速翻炒匀，关火后盛出装盘即可。

西红柿青椒炒茄子

◉难易度：★★☆ ◉功效：增强免疫力

材料

青茄子120克，西红柿95克，青椒20克，花椒、蒜末各少许

调料

盐2克，白糖、鸡粉各3克，水淀粉、食用油各适量

做法

❶ 青茄子切滚刀块；青椒、西红柿切小块。

❷ 热锅注油烧至三四成热，倒入切好的青茄子，拌匀。

❸ 用中小火略炸一会儿，再放入青椒块，拌匀，炸出香味。

❹ 捞出食材，沥干油，待用。

❺ 油锅中倒入花椒、蒜末，爆香。

❻ 倒入炸过的材料，再放入西红柿，炒出水分。

❼ 加盐、白糖、鸡粉、水淀粉。

❽ 用中火快炒至食材入味。

❾ 关火后盛出，装入盘中即成。

鱼香金针菇

◉难易度：★★☆　◉功效：防癌抗癌

材料

金针菇120克，胡萝卜150克，红椒30克，青椒30克，姜片、蒜末、葱段各少许

调料

盐2克，鸡粉2克，豆瓣酱15克，白糖3克，陈醋10毫升，食用油适量

做法

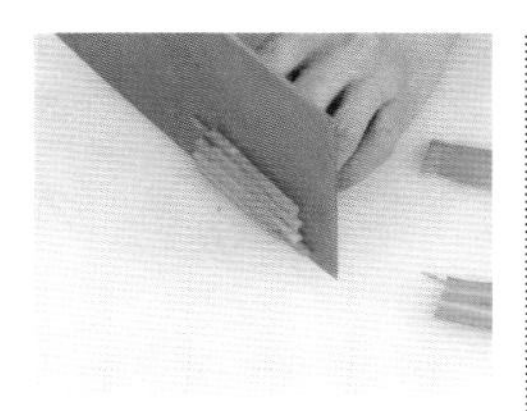

❶ 洗净去皮的胡萝卜切成片，再切成丝。

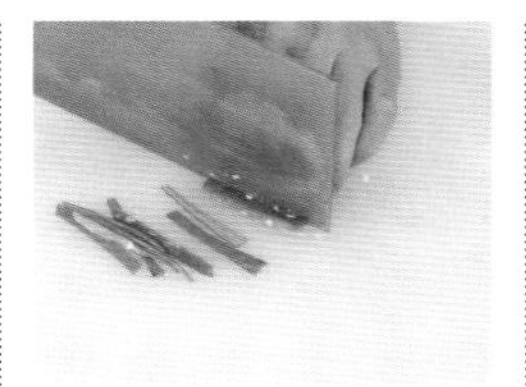

❷ 洗好的青椒切成段，再切成丝。

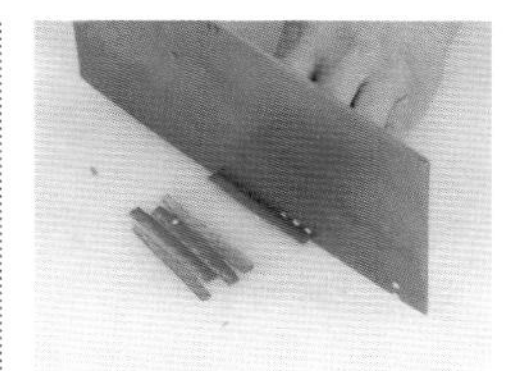

❸ 洗净的红椒切成段，再切成丝。

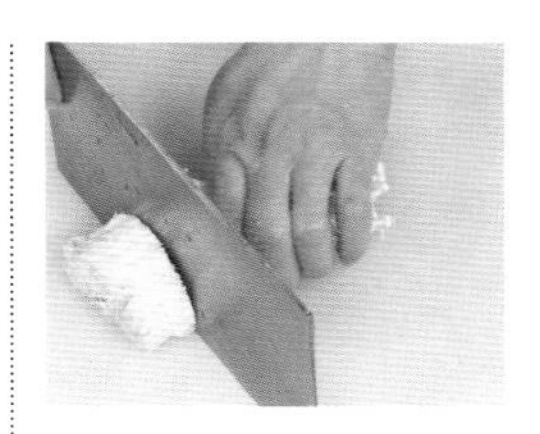

❹ 洗好的金针菇切去老茎，备用。

❺ 用油起锅，放入姜片、蒜末爆香。

❻ 倒入胡萝卜丝，快速翻炒匀。

❼ 放入金针菇，加入切好的青椒、红椒，放入葱段，炒匀。

❽ 放入豆瓣酱，加盐、鸡粉、白糖，炒匀调味。

❾ 淋入陈醋，快速翻炒均匀。

❿ 炒至食材入味，关火后盛出炒好的菜肴，装入盘中即可。

Tips

跟着做不会错：可以将切好的金针菇撕开，这样更易熟透。

辣炒刀豆

◉难易度：★☆☆　◉功效：增强免疫力

材料

刀豆100克，红椒40克，蒜末少许

调料

盐、鸡粉各2克，水淀粉、食用油各适量

做法

❶ 将洗净的刀豆斜刀切菱形片。
❷ 洗好的红椒斜刀切段。
❸ 用油起锅，撒上备好的蒜末，爆香。
❹ 倒入红椒段，炒匀，放入切好的刀豆。
❺ 炒匀炒香，注入少许清水，炒匀，至刀豆变软。
❻ 转小火，加入盐、鸡粉，炒匀调味。
❼ 再用水淀粉勾芡，至食材入味，关火后盛出炒好的菜肴，装在盘中即可。

口蘑炒豆腐

◉难易度：★★☆　◉功效：降低血压

材料

豆腐200克，口蘑100克，彩椒40克，蒜末、葱花各少许

调料

盐3克，鸡粉2克，蚝油6毫升，生抽、料酒各4毫升，水淀粉、芝麻油、食用油各适量

做法

❶ 洗净的口蘑切丁；洗净的彩椒切粒；洗净的豆腐切小方块。

❷ 锅中注水烧开，加入少许盐、鸡粉。

❸ 倒入口蘑，略煮，淋入料酒，再放入豆腐块，搅拌匀。

❹ 煮1分30秒捞出，沥干水分。

❺ 将蒜末、彩椒放入油锅翻炒香。

❻ 放入煮过的材料快速翻炒一会。

❼ 转小火，加盐、鸡粉调味，注入少许清水，轻轻翻动。

❽ 放入生抽、蚝油，翻炒匀，略煮，转大火收汁，倒入水淀粉勾芡。

❾ 淋入芝麻油，炒匀即可。

茶树菇核桃仁小炒肉

◉难易度：★★☆ ◉功效：降低血压

材料

水发茶树菇70克，猪瘦肉120克，彩椒50克，核桃仁30克，姜片、蒜末各少许

调料

盐、鸡粉、生抽、料酒、芝麻油、水淀粉、食用油各适量

做法

❶ 洗好的茶树菇切去老茎；洗净的彩椒切成条。
❷ 洗好的猪瘦肉切片，改切成条。
❸ 把瘦肉片装入碗中，加入料酒，加入少许盐、鸡粉，拌匀。
❹ 倒入少许生抽、水淀粉，拌匀，淋入芝麻油，腌渍10分钟。
❺ 锅中注入适量清水烧开，放入洗净的茶树菇，煮1分钟。
❻ 加入切好的彩椒，再煮半分钟，至其八成熟。
❼ 把焯好的茶树菇和彩椒捞出，沥干水分，备用。
❽ 热锅注油，烧至三成热，放入核桃仁，炸出香味。
❾ 捞出炸好的核桃仁，沥干油，待用。
❿ 锅底留油，倒入肉片，翻炒至变色。
⓫ 放入姜片、蒜末，炒匀，加入茶树菇和彩椒，翻炒均匀。
⓬ 放入生抽、盐、鸡粉炒匀。
⓭ 淋入水淀粉，快速翻炒均匀。
⓮ 将炒好的菜肴盛出，装入盘中，放上核桃仁即可。

Tips

跟着做不会错：茶树菇比较吸油，炒制此菜时可适量多放点食用油。

跟着做不会错：莴笋焯水时间不宜过长，以免失去其爽脆的口感。

辣子肉丁

◉难易度：★★★ ◉功效：降低血压

材料

猪瘦肉250克，莴笋200克，红椒30克，花生米80克，干辣椒20克，姜片、蒜末、葱段各少许

调料

盐4克，鸡粉3克，料酒10毫升，水淀粉5毫升，辣椒油5毫升，食粉、食用油各适量

做法

1. 洗净去皮的莴笋切成丁；洗好的红椒切成段；洗净的猪瘦肉切成丁。
2. 切好的肉丁装入碗中，放入食粉、少许盐和鸡粉抓匀。
3. 倒入少许水淀粉抓匀，放入少许食用油，腌渍10分钟，至其入味。
4. 锅中注水烧开，放入少许盐、食用油。
5. 倒入莴笋丁，搅散，煮半分钟至其断生。
6. 捞出焯好的莴笋，沥干水分，备用。
7. 将花生米倒入沸水锅中，煮约1分钟。
8. 捞出花生米，沥干水分。
9. 热锅注油，烧至四成热，倒入花生米，炸出香味，捞出，沥干油，备用。
10. 把瘦肉丁倒入油锅中，滑油至变色，捞出炸好的肉丁，沥干油，备用。
11. 锅底留油，放姜片、蒜末、葱段，爆香。
12. 倒入红椒翻炒均匀，倒入干辣椒，炒香。
13. 放入焯过水的莴笋，翻炒片刻。
14. 倒入炸好的瘦肉丁，快速翻炒均匀。
15. 放入辣椒油、盐、鸡粉，再加入料酒。
16. 淋入水淀粉翻炒匀，倒入花生米，继续翻炒片刻，关火后盛入盘中即可。

干煸芹菜肉丝

◉难易度：★★☆ ◉功效：益气补血

材料

猪里脊肉220克，芹菜50克，干辣椒8克，青椒20克，红小米椒10克，葱段、姜片、蒜末各少许

调料

豆瓣酱12克，料酒、鸡粉、胡椒粉各少许，生抽5毫升，花椒油、食用油各适量

做法

❶ 将洗净的青椒、红小米椒切开，再切细丝。
❷ 洗净的芹菜切段。
❸ 洗好的猪里脊肉切片，再切细丝，装盘备用。
❹ 热锅注入食用油，烧至四五成热。
❺ 倒入肉丝，炒匀，煸干水汽。
❻ 再盛出肉丝，沥干油，装盘待用。
❼ 用油起锅，放入备好的干辣椒，炸出香味。
❽ 再盛出干辣椒，倒入葱段、姜片、蒜末，爆香。
❾ 加入豆瓣酱，炒出香辣味，放入备好的肉丝。
❿ 炒匀，淋入料酒，撒上切好的红小米椒，炒香。
⓫ 倒入芹菜段、青椒丝，翻炒一会儿，至其断生。
⓬ 转小火，加入生抽、鸡粉、胡椒粉、花椒油。
⓭ 用中火炒匀，至食材入味。
⓮ 关火后盛出炒好的菜肴，装入备好的盘中即成。

Tips

跟着做不会错：煸炒肉丝时，要用小火快炒，这样能避免将肉质煸老了。

爆炒猪肚

◉难易度：★★☆　◉功效：降低血脂

材料

熟猪肚300克，胡萝卜120克，青椒30克，姜片、葱段各少许

调料

盐、鸡粉各2克，生抽、料酒、水淀粉各少许，食用油适量

做法

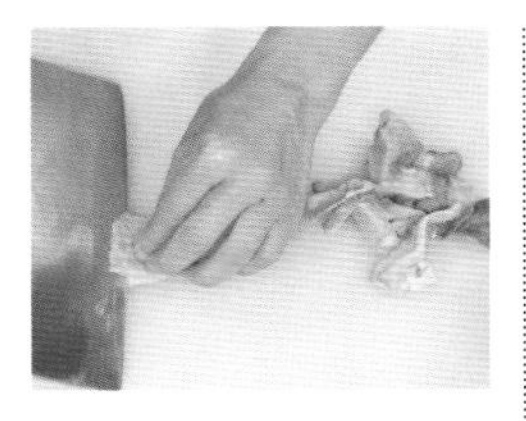

❶ 将熟猪肚去除油脂，切开，用斜刀切片；胡萝卜切成薄片；青椒切成片。

❷ 锅中注水烧开，倒入猪肚拌匀，煮约1分30秒去除异味，捞出猪肚，沥干水分。

❸ 另起锅，注入适量清水烧开，倒入胡萝卜，拌匀。

❹ 放入洗净的青椒，加少许食用油、盐，拌匀，煮至断生。

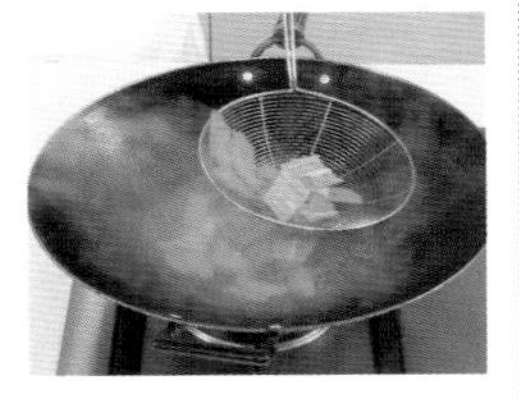

❺ 捞出焯煮好的材料，沥干水分，盛入盘中待用。

❻ 用油起锅，倒入姜片、葱段，爆香。

❼ 放入猪肚，翻炒均匀，淋入少许料酒，炒香。

❽ 倒入胡萝卜、青椒，炒匀。

❾ 加入盐、鸡粉，淋入生抽、水淀粉，炒匀调味，关火盛入盘中即可。

Tips 

跟着做不会错：烹饪此菜时，宜用大火快炒，因为胡萝卜和青椒中含丰富的水溶性维生素C，急火快炒能在最大程度上保留其维生素含量。

怪味排骨

◉难易度：★★☆　◉功效：增强免疫力

材料

排骨段300克，鸡蛋黄1个，红椒20克，姜片、蒜末、葱段各少许

调料

盐4克，鸡粉4克，陈醋15毫升，白糖6克，生抽5毫升，生粉20克，食用油适量

做法

❶ 洗净的红椒切开，去籽，再切小块。

❷ 将排骨段洗净，装入碗中，加入鸡蛋黄、盐、鸡粉，搅拌片刻。

❸ 撒上生粉，搅匀上浆，裹匀后装入盘中，腌渍10分钟至其入味。

❹ 锅中注油，烧至五六成热，倒入排骨段搅匀，用小火炸约2分钟至呈金黄色。

❺ 捞出炸好的排骨，沥干油，待用。

❻ 锅底留油烧热，倒入姜片、蒜末，翻炒爆香，倒入红椒块。

❼ 加入陈醋、白糖、生抽，翻炒调味。

❽ 倒入排骨块，翻炒均匀使其入味。

❾ 撒上葱段，快速翻炒出香味。

❿ 关火后盛出炒好的菜肴，将其装入盘中即可。

Tips

跟着做不会错：排骨先用刀背或锤肉器拍松散后再腌渍，炸出的排骨更软嫩可口。

竹笋炒腊肉

◉难易度：★★☆ ◉功效：开胃消食

材料

腊肉140克，竹笋120克，芹菜45克，红小米椒30克，葱段、姜片各少许

调料

鸡粉2克，生抽3毫升，料酒10毫升，食用油适量

做法

❶ 竹笋切薄片；芹菜切长段。

❷ 红小米椒切小段；腊肉切片。

❸ 锅中注水烧开，倒入笋片，淋入少许料酒，用大火煮2分钟，捞出。

❹ 腊肉片入沸水锅，淋少许料酒。

❺ 拌匀，中火煮1分钟，捞出。

❻ 用油起锅，放入姜片、葱段爆香，放腊肉炒匀，淋料酒炒香。

❼ 撒上红小米椒翻炒匀，倒入芹菜段，炒至变软。

❽ 再放入笋片炒匀，至食材熟透。

❾ 加入鸡粉、生抽炒匀调味，关火后盛入盘中即可。

刀豆炒腊肠

◉难易度：★☆☆ ◉功效：开胃消食

材料

刀豆130克，腊肠90克，彩椒20克，蒜末少许

调料

盐少许，鸡粉2克，料酒4毫升，水淀粉、食用油各适量

做法

❶ 将彩椒切开，改切菱形片。
❷ 洗好的刀豆斜刀切块。
❸ 洗净的腊肠斜刀切片。
❹ 用油起锅，放入蒜末，爆香。
❺ 倒入腊肠炒匀，淋入料酒。
❻ 炒出香味，倒入切好的刀豆、彩椒，炒匀。
❼ 注入少许清水，翻炒一会儿，至刀豆变软。
❽ 转小火，加入盐、鸡粉。
❾ 再用水淀粉勾芡，至食材入味，关火后盛在盘中即成。

杏鲍菇炒火腿肠

◉难易度：★★☆ ◉功效：增强免疫力

材料

杏鲍菇100克，火腿肠150克，红椒40克，姜片、葱段、蒜末各少许

调料

蚝油7克，盐2克，鸡粉2克，料酒5毫升，水淀粉4毫升，食用油适量

做法

❶ 洗好的杏鲍菇切开，再切成薄片。
❷ 火腿肠切开，再切成薄片。
❸ 洗净的红椒切成小段。
❹ 锅中注入适量清水烧开，加入少许盐、鸡粉、食用油。
❺ 倒入杏鲍菇，搅拌匀，煮约半分钟至其断生。
❻ 将杏鲍菇捞出，沥干水分，待用。
❼ 用油起锅，倒入蒜末、姜片爆香。
❽ 放入火腿肠，翻炒均匀。
❾ 倒入杏鲍菇、红椒块翻炒均匀。
❿ 淋入料酒，加入鸡粉、盐、蚝油，炒匀调味。
⓫ 倒入水淀粉，翻炒均匀。
⓬ 放入葱段。
⓭ 翻炒出香味。
⓮ 将炒好的菜肴盛出，装盘即可。

Tips

跟着做不会错：杏鲍菇本身味道鲜美，因此不宜放太多的鸡粉调味。

跟着做不会错：牛肉入锅后，应大火快炒，炒至变色后即可出锅，以免肉质变老，口感变差。

小炒牛肉丝

◉难易度：★★★　◉功效：增强免疫力

材料

牛里脊肉300克，茭白100克，洋葱70克，青椒、红椒各25克，姜片、蒜末、葱段各少许

调料

食粉3克，生抽5毫升，盐4克，鸡粉4克，料酒5毫升，水淀粉4毫升，豆瓣酱、食用油各适量

做法

❶ 洗好的洋葱、茭白分别切成丝。
❷ 洗净的红椒、青椒分别切开，去籽，再切成细丝。
❸ 洗好的牛里脊肉切片，用刀背拍打几下，再切成肉丝。
❹ 将牛肉装入碗中，放入食粉和少许生抽、鸡粉、盐，抓匀。
❺ 加入少许水淀粉，搅拌均匀至起浆，倒入食用油，腌渍约10分钟。
❻ 锅中注入适量清水烧开，倒入茭白丝，搅拌片刻。
❼ 加入少许盐，搅匀，煮约1分钟去除涩味后捞出。
❽ 热锅注油，烧至三四成热，倒入牛肉丝。
❾ 快速搅散，滑油半分钟至其变色后捞出。
❿ 锅底留油，倒入备好的姜片、葱段、蒜末，爆香。
⓫ 加入豆瓣酱，炒香，放入洋葱，炒匀。
⓬ 倒入青椒丝、红椒丝、茭白丝，翻炒均匀。
⓭ 倒入腌好的牛肉丝，淋入料酒、生抽，放入盐、鸡粉。
⓮ 炒匀调味，加入水淀粉，翻炒一会儿，使其更入味后盛出即可。

跟着做不会错：此菜烹饪时间较短，因此南瓜片要切得薄一些，才更易炒熟。

南瓜炒牛肉

◉难易度：★★☆　◉功效：增强免疫力

材料

牛肉175克，南瓜150克，青椒、红椒各少许

调料

盐3克，鸡粉2克，料酒10毫升，生抽4毫升，水淀粉、食用油各适量

做法

1. 洗好去皮的南瓜切开，再切片。
2. 洗净的青椒切成条。
3. 洗好的红椒切成条。
4. 洗净的牛肉切成片。
5. 把牛肉片装入碗中，加入少许盐、料酒、水淀粉，加入生抽，拌匀。
6. 淋入少许食用油，腌渍约10分钟。
7. 锅中注入适量清水烧开，倒入南瓜片，拌匀，煮至断生。
8. 放入青椒、红椒，搅拌均匀，淋入少许食用油。
9. 捞出煮好的材料，沥干水分，装盘待用。
10. 用油起锅，倒入牛肉，炒至变色。
11. 淋入少许料酒，炒匀炒香。
12. 倒入焯过水的材料，炒匀炒透。
13. 加入盐、鸡粉，淋入适量水淀粉，翻炒均匀至其入味。
14. 关火后盛出炒好的菜肴即可。

黄瓜炒牛肉

◉难易度：★☆☆　◉功效：增强免疫力

材料

黄瓜150克，牛肉90克，红椒20克，姜片、蒜末、葱段各少许

调料

盐3克，鸡粉2克，生抽5毫升，料酒、食粉、水淀粉、食用油各适量

做法

❶ 黄瓜去皮切小块；红椒切成小块；牛肉切成片。
❷ 牛肉片装碗，放入食粉和少许生抽、盐抓匀，放入少许水淀粉抓匀，注入少许食用油，腌10分钟。
❸ 热锅注油至四成热，放入牛肉片滑油至变色。
❹ 锅底留油，放入姜片、蒜末、葱段，爆香。
❺ 倒入红椒、黄瓜，拌炒匀。
❻ 放入牛肉片，淋入适量料酒，炒香。
❼ 加盐、鸡粉、生抽，倒入水淀粉勾芡后盛出。

香菜炒羊肉

◉难易度：★★☆ ◉功效：开胃消食

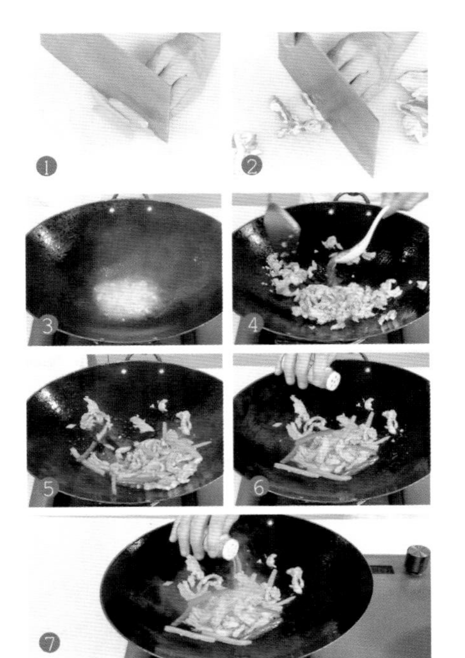

材料

羊肉270克，香菜段85克，彩椒20克，姜片、蒜末各少许

调料

盐3克，鸡粉、胡椒粉各2克，料酒6毫升，食用油适量

做法

❶ 将洗净的彩椒切粗条。
❷ 洗好的羊肉切片，再切成粗丝，备用。
❸ 用油起锅，放入姜片、蒜末，爆香。
❹ 倒入羊肉炒至变色，淋入料酒，炒匀提味。
❺ 放入彩椒丝，用大火炒至变软。
❻ 转小火，加盐、鸡粉、胡椒粉，炒匀调味。
❼ 倒入香菜段快速翻炒至其散出香味，关火盛出。

韭菜炒羊肝

◉难易度：★★☆　◉功效：增强免疫力

材料

韭菜120克，姜片20克，羊肝250克，红椒45克

调料

盐3克，鸡粉3克，生粉5克，料酒16毫升，生抽4毫升，食用油适量

跟着做不会错：羊肝汆水时可以放入少许白醋，以去除膻味。

做法

❶ 洗好的韭菜切成段；洗净的红椒切成段，切开，去籽，再切成条。

❷ 处理干净的羊肝切成片，备用。

❸ 将切好的羊肝装入碗中，放入姜片、料酒，再加入少许盐、鸡粉，加入生粉。

❹ 搅拌均匀，腌渍10分钟，至其入味。

❺ 锅中注入适量清水烧开，放入腌渍好的羊肝。

❻ 搅匀，煮至沸，汆去血水。

❼ 捞出汆好的羊肝，沥干水分，盛入盘中备用。

❽ 用油起锅，倒入汆过水的羊肝，略炒。

❾ 淋入料酒，翻炒均匀，提味。

❿ 加入生抽，将食材翻炒均匀。

⓫ 倒入切好的韭菜、红椒。

⓬ 加入盐、鸡粉，快速翻炒匀至食材熟透，盛入盘中即可。

尖椒炒羊肚

◉难易度：★★☆　◉功效：增强免疫力

材料

羊肚500克，青椒20克，红椒10克，胡萝卜50克，姜片、葱段、八角、桂皮各少许

调料

盐2克，鸡粉3克，胡椒粉、水淀粉、料酒、食用油各适量

做法

❶ 胡萝卜、红椒、青椒均切丝。
❷ 锅中注水烧开，倒入羊肚，淋少许料酒，略煮片刻后捞出备用。
❸ 另起锅，注入清水，放入羊肚。
❹ 加入葱段、八角、桂皮，淋入少许料酒，略煮片刻，去除异味。
❺ 捞出羊肚装入盘中，放凉后，切成丝，待用。
❻ 用油起锅，放姜片、葱段爆香。
❼ 倒入胡萝卜、青椒、红椒炒匀。
❽ 放入切好的羊肚，炒匀。
❾ 加料酒、盐、鸡粉、胡椒粉、水淀粉炒匀，关火后盛出即可。

香菜炒鸡丝

◉难易度：★★☆　◉功效：增强免疫力

材料

鸡胸肉400克，香菜120克，彩椒80克

调料

盐3克，鸡粉2克，水淀粉4毫升，料酒10毫升，食用油适量

做法

1. 香菜切段；彩椒切丝；鸡胸肉切成丝。
2. 鸡肉丝放入碗中，加入水淀粉和少许盐、鸡粉，拌匀，淋入少许食用油，腌渍10分钟。
3. 热锅注油，烧至四成热，倒入鸡肉丝，搅散，滑油至变色，捞出鸡肉丝，沥干油，备用。
4. 锅底留油，倒入彩椒丝，略炒。
5. 放入鸡肉丝，淋入料酒，加入鸡粉、盐炒匀。
6. 放入香菜炒匀，关火盛出即可。

跟着做不会错：鸡丁不宜炒太久，否则容易炒老，影响口感。

茭白鸡丁

◉难易度：★★☆　◉功效：降低血压

材料

鸡胸肉250克，茭白100克，黄瓜100克，胡萝卜90克，彩椒50克，蒜末、姜片、葱段各少许

调料

盐3克，鸡粉3克，水淀粉9毫升，料酒8毫升，食用油适量

做法

❶ 洗好的胡萝卜切成丁；洗好的黄瓜切成丁；洗好的彩椒切成小块。
❷ 去皮的茭白切厚块再切条，改切成丁。
❸ 鸡胸肉洗净，切成丁。
❹ 将鸡丁装入碗中，放入少许盐、鸡粉。
❺ 淋入水淀粉，拌匀。
❻ 加入食用油，腌渍10分钟。
❼ 锅中注入清水烧开，放入少许盐、鸡粉。
❽ 倒入胡萝卜、茭白拌匀，煮1分钟至断生。
❾ 把胡萝卜和茭白捞出，沥干水分，待用。
❿ 把鸡丁倒入沸水锅中，氽至变色。
⓫ 将氽好的鸡丁捞出，沥干水分，备用。
⓬ 用油起锅，放入姜片、蒜末、葱段爆香。
⓭ 倒入氽过水的鸡肉丁，翻炒匀。
⓮ 淋入料酒，炒出香味。
⓯ 倒入黄瓜丁，放入切好的胡萝卜、茭白，翻炒匀，加入盐、鸡粉，炒匀调味。
⓰ 淋入水淀粉，快速翻炒均匀，关火后盛出炒好的菜肴，装入盘中即可。

椒盐鸡脆骨

◉难易度：★★★　◉功效：补钙

材料

鸡脆骨200克，青椒20克，红椒15克，蒜苗25克，花生米20克，蒜末、葱花各少许

调料

料酒6毫升，盐2克，生粉6克，生抽4毫升，五香粉4克，鸡粉2克，胡椒粉3克，芝麻油6毫升，辣椒油5毫升，食用油适量

Tips

跟着做不会错：花生米不要炸太久，以免炸煳影响口感。

做法

1. 蒜苗切小段；青椒、红椒切成块。
2. 锅中注水烧开，倒入洗净的鸡脆骨，加入料酒、少许盐拌匀，略煮，汆去血水，撇去浮沫，捞出沥干水分。
3. 鸡脆骨装碗，加入生抽拌匀，撒上生粉，拌匀上浆，腌渍10分钟。
4. 热锅注油烧至五六成热，倒入花生米拌匀，用中火炸约1分钟捞出。
5. 油锅中再倒入腌好的鸡脆骨，拌匀，用小火炸约1分钟。
6. 捞出鸡脆骨，沥干油，待用。
7. 锅底留油烧热，倒入蒜末，爆香。
8. 倒入青椒、红椒、蒜苗炒至变软。
9. 撒上五香粉，炒匀炒香。
10. 倒入炸好的鸡脆骨。
11. 加入盐、鸡粉、胡椒粉。
12. 淋入芝麻油，炒匀调味。
13. 浇上辣椒油，炒至入味。
14. 撒上葱花炒出香味，关火后盛出。

双椒炒鸡脆骨

◉难易度：★★☆ ◉功效：补钙

材料

鸡脆骨200克，青椒30克，红椒15克，姜片、蒜末、葱段各少许

调料

料酒4毫升，盐2克，生抽3毫升，豆瓣酱7克，鸡粉2克，水淀粉4毫升，食用油适量

做法

❶ 青椒、红椒均洗净，切小块。
❷ 锅中注水烧开，加入少许料酒、盐，倒入洗净的鸡脆骨略煮一会儿，拌匀，汆去血水，捞出沥干。
❸ 用油起锅，放姜片、蒜末爆香。
❹ 倒入汆过水的鸡脆骨，炒匀。
❺ 淋入料酒，炒匀调味。
❻ 加入生抽、豆瓣酱，炒出香味。
❼ 倒入青椒、红椒炒至变软。
❽ 注入少许水，加盐、鸡粉炒匀。
❾ 用水淀粉勾芡，撒上葱段，炒出香味，关火后盛出即可。

香辣鸡脆骨

◉难易度：★★☆ ◉功效：开胃消食

材料

鸡脆骨230克，大葱、花生米、花椒、干辣椒、蒜头各少许

调料

盐、料酒、老抽、生粉各12克，生抽、鸡粉、食用油各适量

做法

1. 洗好的大葱用斜刀切段。
2. 洗净的鸡脆骨倒入沸水锅，加少许盐、料酒，煮约半分钟捞出。
3. 装入盘中，加老抽拌匀上色，撒生粉拌至上浆，腌渍10分钟。
4. 油烧至三四成热，倒入花生米拌匀，炸约1分钟捞出。
5. 油锅中倒入蒜头略炸后倒入鸡脆骨，拌匀，炸至金黄色，捞出。
6. 锅底留油，爆香干辣椒、花椒。
7. 倒入大葱炒香，放入鸡脆骨。
8. 淋入料酒炒香，加生抽炒匀。
9. 加入盐、鸡粉，倒入花生米炒匀，关火后盛出即可。

小炒鸡爪

○难易度：★★★　◉功效：防癌抗癌

材料

鸡爪200克，蒜苗90克，青椒70克，红椒50克，姜片、葱段各少许

调料

料酒16毫升，豆瓣酱15克，生抽5毫升，老抽3毫升，辣椒油5毫升，水淀粉5毫升，鸡粉2克，盐、食用油各适量

跟着做不会错：蒜苗不宜烹制得过烂，以免辣素被破坏，杀菌作用降低。

做法

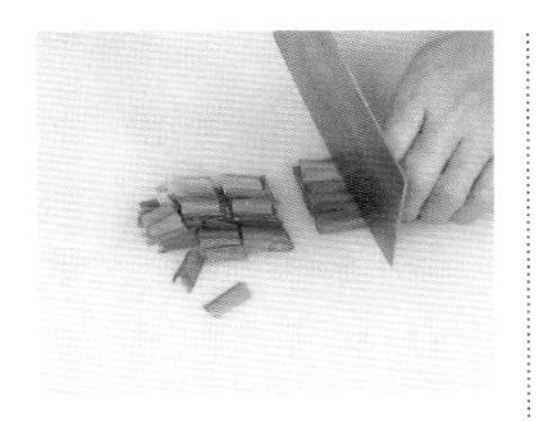

❶ 洗净的青椒切段；洗好的红椒切小块；洗净的蒜苗切段。

❷ 将处理干净的鸡爪切成小块。

❸ 锅中注水烧开，倒入鸡爪，淋入少许料酒拌匀煮沸，氽去血水，捞出沥干水分。

❹ 用油起锅，放入姜片、葱段，爆香，倒入氽过水的鸡爪，略炒片刻。

❺ 淋入料酒，加入豆瓣酱、生抽、老抽，炒匀调味。

生抽调味，老抽调色。但要注意老抽不要放太多，以防菜色过浓。

❻ 加入少许清水，淋入辣椒油。

❼ 盖上锅盖，用小火焖约3分钟，至食材入味。

❽ 揭盖，放入鸡粉、盐，翻炒匀。

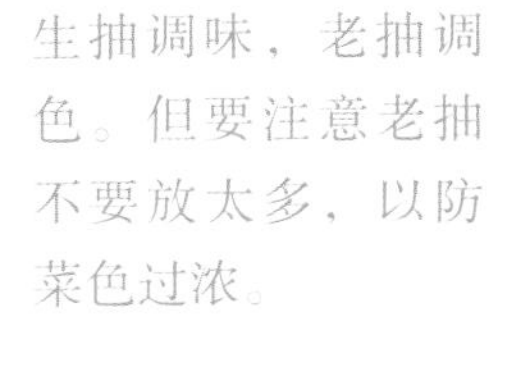

❾ 倒入切好的青椒、红椒，炒匀。

❿ 加入蒜苗，继续翻炒几下。

⓫ 淋入水淀粉，快速翻炒匀，关火后盛入盘中即可。

麻辣鸡爪

◉难易度：★★★　◉功效：防癌抗癌

材料

鸡爪200克，大葱70克，土豆120克，干辣椒、花椒、姜片、蒜末、葱段各少许

调料

料酒16毫升，老抽2毫升，鸡粉2克，盐2克，辣椒油2毫升，芝麻油2毫升，豆瓣酱15克，生抽4毫升，食用油、水淀粉各适量

跟着做不会错：煸炒干辣椒时应用小火，否则很容易炒煳锅。

做法

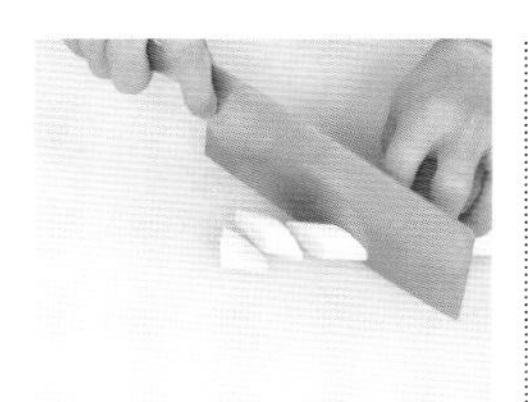

❶ 洗净的大葱切段；洗净去皮的土豆切成小块。

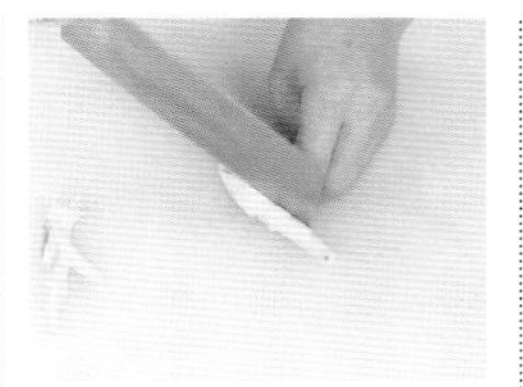

❷ 洗好的鸡爪切去爪尖，斩成小块。

❸ 锅中加入适量清水，大火烧开，加入少许料酒。

❹ 放入切好的鸡爪，拌匀，煮至沸，汆去血水捞出。

❺ 用油起锅，放入姜片、蒜末、葱段、干辣椒、花椒，炒香。

❻ 倒入汆过水的鸡爪，略炒片刻，淋入料酒，炒香。

❼ 倒入土豆，炒匀，淋入生抽，翻炒匀。

❽ 加入豆瓣酱，炒匀，倒入适量清水，淋入老抽炒几下。

❾ 加入鸡粉、盐，淋入辣椒油、芝麻油，炒匀调味。

❿ 盖上锅盖，用小火焖8分钟，至食材入味后揭盖，倒入大葱，翻炒均匀。

⓫ 用大火收汁，淋入适量水淀粉快速翻炒均匀。

⓬ 关火后盛出炒好的菜肴，装入备好的盘中即可。

滑炒鸭丝

◉难易度：★★☆　◉功效：清热解毒

材料

鸭肉160克，彩椒60克，香菜梗、姜末、蒜末、葱段各少许

调料

盐3克，鸡粉1克，生抽4毫升，料酒4毫升，水淀粉、食用油各适量

跟着做不会错：炒鸭肉时，加入少许陈皮，不仅能有效去除鸭肉的腥味，还能为菜品增香。

做法

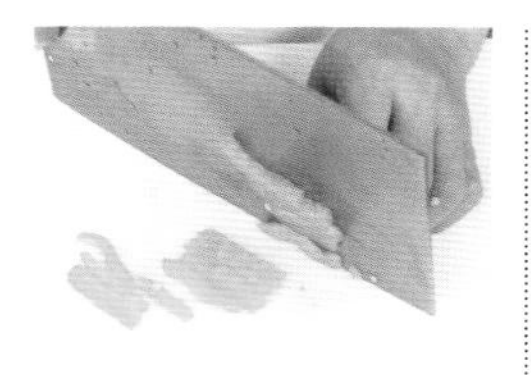

❶ 将洗净的彩椒切开，去籽，切成条。

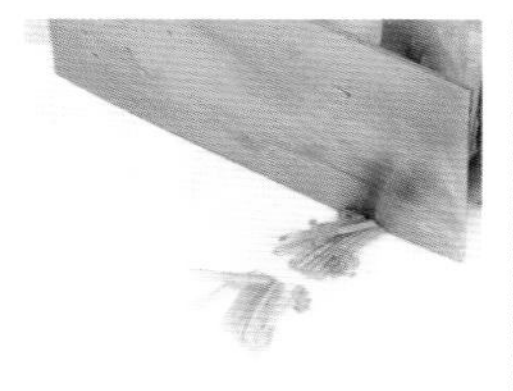

❷ 将洗好的香菜梗切成小段。

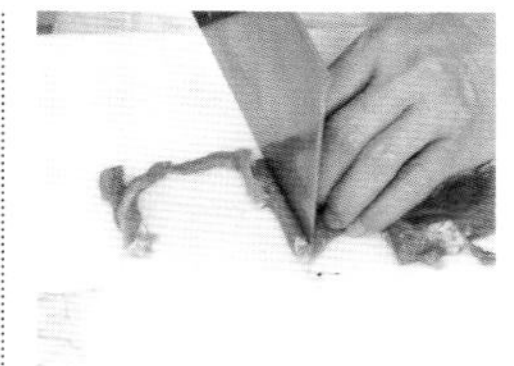

❸ 将洗净的鸭肉切片，再切成丝。

❹ 将切好的鸭肉丝装入碗中，倒入少许生抽、料酒。

❺ 再加入少许盐、鸡粉、水淀粉，抓匀。

❻ 注入食用油，腌渍10分钟至入味。

❼ 用油起锅，放入备好的蒜末、姜末、葱段，爆香。

❽ 放入鸭肉丝，加入料酒，炒香。

❾ 再倒入生抽，翻炒均匀。

❿ 下入切好的彩椒，拌炒匀。

⓫ 放入盐、鸡粉，炒匀调味。

⓬ 倒入水淀粉勾芡，放入香菜段炒匀，将炒好的菜盛入盘中即可。

菠萝蜜炒鸭片

◉难易度：★★☆　◉功效：降低血压

材料

鸭肉270克，菠萝蜜120克，彩椒50克，姜片、蒜末、葱段各少许

调料

盐3克，鸡粉2克，白糖2克，番茄酱5克，料酒10毫升，水淀粉3毫升，食用油适量

做法

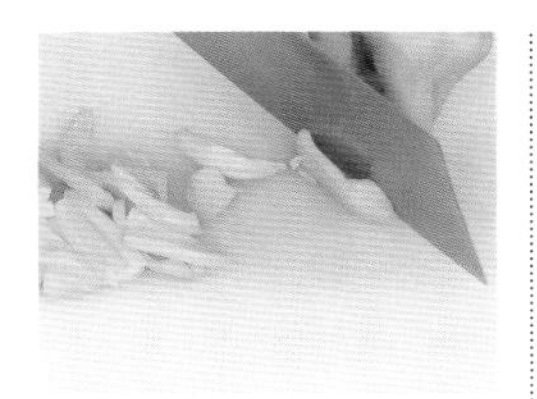

❶ 将菠萝蜜去核，切小块；洗好的彩椒去籽，切小块；处理好的鸭肉切片。

❷ 将切好的鸭肉装入碗中，放入少许盐，加入鸡粉、水淀粉，搅拌匀。

❸ 倒入适量食用油，腌渍大约10分钟，至其入味。

❹ 热锅注油，烧至四成热，倒入鸭肉，快速搅散，滑油至变色捞出，沥干油备用。

❺ 锅底留油，倒入备好的姜片、蒜末、葱段，爆香。

❻ 倒入切好的彩椒、菠萝蜜，快速炒匀。

❼ 倒入滑过油的鸭肉，翻炒匀。

❽ 淋入料酒，翻炒均匀，提鲜。

❾ 加入盐、白糖、番茄酱炒匀，至食材入味，关火后盛入盘中即可。

Tips

跟着做不会错：鸭肉滑油时，油温不宜过高，以免鸭肉在炒制过程中炒得过老。

枸杞叶炒鸡蛋

◉难易度：★☆☆ ◉功效：降低血压

材料

枸杞叶70克，鸡蛋2个，枸杞10克

调料

盐2克，鸡粉2克，水淀粉4毫升，食用油适量

做法

❶ 将鸡蛋打入碗中，放入少许盐、鸡粉。

❷ 用筷子打散、调匀。

❸ 锅中注入适量食用油烧热，倒入调好的蛋液，炒至熟。

❹ 将炒好的鸡蛋盛出，待用。

❺ 锅底留油，倒入洗净的枸杞叶，炒至熟软。

❻ 放入炒好的鸡蛋，翻炒匀。

❼ 加入盐、鸡粉，炒匀调味。

❽ 淋入水淀粉，快速翻炒匀。

❾ 倒入洗净的枸杞炒匀，关火后盛出，装盘即可。

葱花鸭蛋

◉难易度：★☆☆　◉功效：开胃消食

材料

鸭蛋2个，葱花少许

调料

盐2克，鸡粉、水淀粉、食用油各适量

做法

❶ 将备好的鸭蛋打入碗中，加入盐、鸡粉。
❷ 淋入适量水淀粉，打散、搅匀。
❸ 再放入葱花，搅拌匀，制成蛋液，待用。
❹ 用油起锅，烧至四成热，倒入蛋液，拌炒匀。
❺ 再翻炒一会儿，至食材熟透，关火后盛出炒好的鸭蛋，装在盘中即成。

茭白木耳炒鸭蛋

◉难易度：★★☆ ◉功效：美容养颜

材料

茭白300克，鸭蛋2个，水发木耳40克，葱段少许

调料

盐4克，鸡粉3克，水淀粉10毫升，食用油适量

做法

1. 木耳切小块；茭白切成片。
2. 将鸭蛋打入碗中，加入少许盐、鸡粉，倒入部分水淀粉，打散调匀。
3. 锅中注水烧开，加少许盐、鸡粉。
4. 倒入茭白、木耳，搅拌匀，煮1分钟至七成熟，捞出备用。
5. 用油起锅，倒入蛋液，搅散，翻炒至七成熟，盛出备用。
6. 油锅烧热，放入葱段爆香。
7. 倒入茭白、木耳，炒匀。
8. 放入炒好的鸭蛋，翻炒匀，调入盐、鸡粉，炒至入味。
9. 倒入剩余水淀粉，炒匀后盛出。

韭菜炒鹌鹑蛋

◉难易度：★☆☆ ◉功效：开胃消食

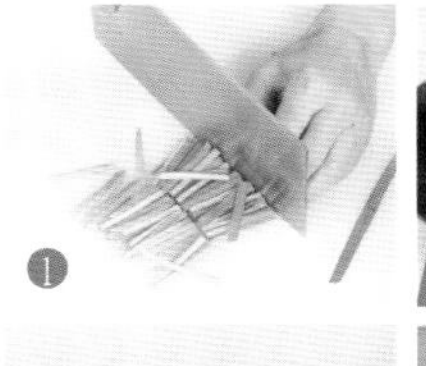

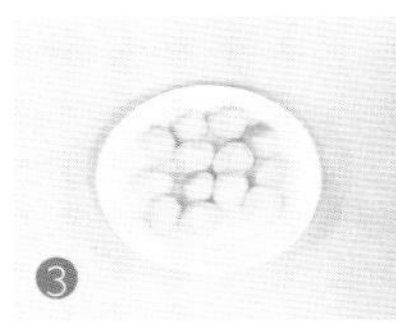

材料

韭菜 100克，熟鹌鹑蛋135克，彩椒30克

调料

盐、鸡粉各2克，食用油适量

做法

❶ 洗好的彩椒切成细丝；洗净的韭菜切成长段。
❷ 锅中注入清水烧开，放入洗净的熟鹌鹑蛋，拌匀，略煮。
❸ 捞出鹌鹑蛋，沥干水分，装盘待用。
❹ 用油起锅，倒入彩椒，炒匀。
❺ 倒入韭菜梗，炒匀，放入鹌鹑蛋，炒匀。
❻ 倒入韭菜叶，炒至变软。
❼ 加入盐、鸡粉，炒至入味，关火后盛出炒好的菜肴即可。

菠萝炒鱼片

◉难易度：★★☆　◉功效：降低血脂

材料

菠萝肉75克，草鱼肉150克，红椒25克，姜片、蒜末、葱段各少许

调料

豆瓣酱7克，盐2克，鸡粉2克，料酒4毫升，水淀粉、食用油各适量

做法

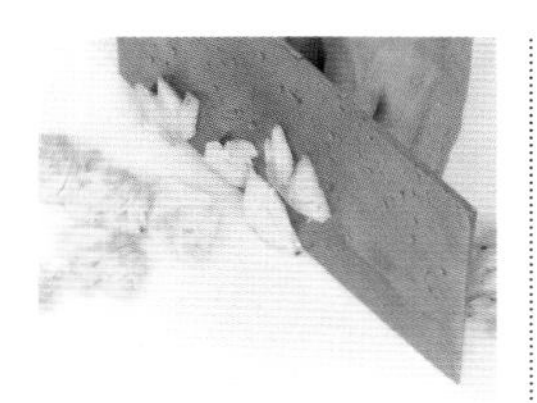

❶ 将菠萝肉切开，去除硬芯，再切成片；洗净的红椒切开，去籽，再切成小块；草鱼肉洗净，切成片。

❷ 将鱼片放入碗中，加入少许盐、鸡粉，淋入少许水淀粉拌匀，再注入食用油，腌渍约10分钟。

❸ 热锅注油，烧至五成热，放入腌好的鱼片，拌匀。

❹ 将鱼片滑油至断生，捞出，沥干油，待用。

❺ 用油起锅，放入姜片、蒜末、葱段，用大火爆香。

❻ 倒入红椒块，再放入切好的菠萝肉，快速炒匀。

❼ 倒入鱼片，加入盐、鸡粉，放入备好的豆瓣酱。

❽ 淋入料酒，倒入水淀粉。

❾ 用中火翻炒一会儿，至食材入味，关火后盛出炒好的菜肴，放在盘中即成。

Tips 

跟着做不会错：菠萝切好后要放在淡盐水中浸泡一会儿，以消除其涩口的味道。

木耳炒鱼片

◉难易度：★★☆　◉功效：养心润肺

材料

草鱼肉120克，水发木耳50克，彩椒40克，姜片、葱段、蒜末各少许

调料

盐3克，鸡粉2克，生抽3毫升，料酒5毫升，水淀粉、食用油各适量

做法

❶ 木耳切成小块；彩椒切成小块；草鱼肉切成片。

❷ 草鱼片装碗，加少许鸡粉、盐拌匀，倒入少许水淀粉拌匀上浆，再注入食用油腌渍约10分钟至入味。

❸ 热锅注油烧热，放入鱼肉，滑油至断生，捞出。

❹ 锅底留油，放入姜片、蒜末、葱段，爆香。

❺ 倒入彩椒块，再放入切好的木耳，翻炒均匀。

❻ 倒入草鱼片，淋入料酒，加入鸡粉、盐、生抽。

❼ 淋入水淀粉，快速翻炒至食材熟透，关火盛出。

洋葱炒鱿鱼

◉难易度：★★☆ ◉功效：降压降糖

材料

洋葱100克，鱿鱼80克，红椒15克，姜片、蒜末各少许

调料

盐3克，鸡粉3克，料酒5毫升，水淀粉、食用油各适量

做法

1. 洋葱切成片；红椒切成小块。
2. 鱿鱼处理干净，内侧切麦穗花刀后，再切成小块。
3. 鱿鱼中加少许盐、鸡粉、料酒、水淀粉抓匀，腌渍10分钟至入味。
4. 锅中注水烧开，倒入鱿鱼，搅匀，汆至鱿鱼片卷起，把汆过水的鱿鱼捞出，待用。
5. 用油起锅，放姜片、蒜末爆香。
6. 放鱿鱼卷炒匀，淋入料酒炒香。
7. 放洋葱、红椒，翻炒匀。
8. 加入盐、鸡粉，炒匀调味。
9. 倒入水淀粉，拌炒匀，将炒好的菜肴盛出，装入盘中即可。

跟着做不会错：鳝鱼肉切片前用刀背拍打几下，可以使鳝鱼肉的口感更好。

竹笋炒鳝段

◉难易度：★★★　◉功效：降压降糖

材料

鳝鱼肉130克，竹笋150克，青椒、红椒各30克，姜片、蒜末、葱段各少许

调料

盐3克，鸡粉2克，料酒5毫升，水淀粉、食用油各适量

做法

❶ 将洗净的鳝鱼肉用斜刀切段，再切成片。

❷ 洗好的竹笋切开，先斜切成片。

❸ 洗净的青椒、红椒均切成小块。

❹ 把鳝鱼片装入碗中，加入少许盐、鸡粉。

❺ 淋入少许料酒拌匀，倒入少许水淀粉拌匀上浆，腌渍10分钟。

❻ 锅中注水烧开，加入少许盐。

❼ 倒入竹笋片搅匀，煮约1分钟，至食材断生后捞出。

❽ 鳝鱼片倒入沸水锅中，搅拌均匀，焯片刻后捞出。

❾ 用油起锅，放入姜片、蒜末、葱段，用大火爆香。

❿ 倒入切好的青椒、红椒，翻炒匀。

⓫ 放入焯好的竹笋片，倒入鳝鱼片。

⓬ 淋入料酒，炒匀提味，加入鸡粉、盐，炒匀调味。

⓭ 倒入水淀粉，炒匀，至食材熟透。

⓮ 关火后盛出炒好的菜肴，装在盘中即成。

豉椒墨鱼

◉难易度：★★★　◉功效：美容养颜

材料

墨鱼200克，红椒45克，青椒35克，芹菜50克，豆豉、姜片、蒜末、葱段各少许

调料

盐4克，鸡粉4克，料酒15毫升，水淀粉10毫升，生抽4毫升，食用油适量

跟着做不会错：清洗墨鱼时，要将墨鱼表面的一层薄膜剥下来，这样可使墨鱼味道纯正而不会有腥味。

做法

❶ 把清洗干净的墨鱼肉切成薄片；洗净的红椒对半切开，去籽，切成小块。

❷ 洗好的青椒对半切开去籽，切成小块；洗净的芹菜切成段。

❸ 将墨鱼片装入碗中，加入少许盐、鸡粉、料酒，倒入少许水淀粉，拌匀，腌渍10分钟。

❹ 锅中注入适量清水烧开，倒入少许食用油，放入青椒、红椒，搅匀，煮半分钟，至其断生。

❺ 捞出焯好的青椒、红椒，沥干水分。

❻ 把墨鱼倒入沸水锅中，焯至变色，捞出沥干水分，待用。

❼ 用油起锅，放入姜片、蒜末、葱段、豆豉，爆香。

❽ 倒入焯过水的墨鱼，炒匀。

❾ 淋入料酒，炒匀。

❿ 放入青椒、红椒、芹菜，翻炒均匀。

⓫ 加入盐、鸡粉、生抽，炒匀调味。

⓬ 倒入水淀粉，快速翻炒均匀，盛出炒好的菜肴，装盘即可。

姜丝炒墨鱼须

◉难易度：★★☆　◉功效：美容养颜

材料

墨鱼须150克，红椒30克，生姜35克，蒜末、葱段各少许

调料

豆瓣酱8克，盐、鸡粉各2克，料酒5毫升，水淀粉、食用油各适量

做法

1. 去皮的生姜切片，再切成细丝。
2. 洗好的红椒切开去籽，切成粗丝。
3. 洗净的墨鱼须切段。
4. 锅中注水烧开，倒入墨鱼须。
5. 搅拌片刻，淋入少许料酒，拌匀，续煮约半分钟。
6. 将墨鱼须捞出，沥干水分，待用。
7. 用油起锅，放入蒜末，撒上红椒丝、姜丝，用大火爆香。
8. 倒入汆过水的墨鱼须，快速翻炒几下，至肉质卷起。
9. 淋入料酒，炒匀。
10. 放入豆瓣酱，翻炒片刻，至散发出香辣味。
11. 加入盐、鸡粉，炒匀调味。
12. 再倒入适量水淀粉，翻炒片刻，至食材熟透。
13. 撒上葱段，炒出葱香味。
14. 关火后盛在盘中即成。

跟着做不会错：墨鱼须在汆水前先拍上少许生粉，这样更容易保有其鲜美的口感。

芝麻带鱼

◉难易度：★★☆ ◉功效：降压降糖

材料

带鱼140克，熟芝麻20克，姜片、葱花各少许

调料

盐3克，鸡粉3克，生粉7克，生抽4毫升，水淀粉、辣椒油、老抽、食用油各适量，料酒少许

做法

1. 把带鱼鳍剪去，再切成小块。
2. 带鱼块装入碗中，放入姜片。
3. 加少许盐、鸡粉、生抽拌匀。
4. 倒入少许料酒，搅拌匀，放入生粉拌匀，腌渍15分钟至入味。
5. 热锅注油，烧至六成热，放入带鱼块，炸至带鱼呈金黄色。
6. 把炸好的带鱼块捞出，待用。
7. 锅底留油，倒少许清水，加辣椒油、盐、鸡粉、生抽拌匀煮沸。
8. 倒入水淀粉、老抽炒匀上色。
9. 放带鱼块炒匀，撒入葱花炒香，盛入盘中，撒上熟芝麻即可。

葱香带鱼

◉难易度：★★☆ ◉功效：补铁

材料

带鱼肉350克，葱条35克，姜片30克

调料

盐3克，鸡粉2克，鱼露3毫升，料酒6毫升，食用油少许

做法

1. 带鱼肉洗净，切成均等大小的段，再打上花刀。
2. 带鱼块放在碗中，放上姜片。
3. 加入鱼露、盐、鸡粉、料酒。
4. 拌匀，腌渍约15分钟至入味。
5. 取一个蒸盘，整齐地放上洗净的葱条。
6. 再摆上腌渍好的带鱼块。
7. 蒸锅上火烧开，放入蒸盘。
8. 盖上锅盖，用中火蒸约8分钟至带鱼熟透。
9. 关火后取出带鱼，淋上少许热油即成。

马蹄豌豆炒虾仁

◉难易度：★★☆　◉功效：降低血压

材料

马蹄100克，胡萝卜100克，豌豆100克，虾仁80克，姜片、蒜末、葱段各少许

调料

料酒10毫升，盐3克，鸡粉3克，胡椒粉少许，水淀粉8毫升，芝麻油2毫升，食用油适量

做法

❶ 洗净去皮的马蹄切粒；洗好去皮的胡萝卜切粒；洗净的虾仁切粒。
❷ 虾仁装入碗中，放入少许料酒、盐、鸡粉、胡椒粉。
❸ 淋入少许水淀粉，拌匀。
❹ 倒入芝麻油搅拌匀，腌渍10分钟。
❺ 锅中注水烧开，加入盐、食用油。
❻ 倒入胡萝卜，搅匀，煮至沸。
❼ 放入豌豆搅拌匀，再煮半分钟。
❽ 放入马蹄续煮半分钟至食材断生。
❾ 捞出焯好的材料，沥干水分。
❿ 用油起锅，倒入虾仁，略炒片刻。
⓫ 放入姜片、蒜末、葱段，炒香。
⓬ 倒入焯过水的材料，翻炒匀。
⓭ 淋入料酒，翻炒几下，加入盐、鸡粉，炒匀调味。
⓮ 淋入水淀粉，快速翻炒均匀，关火后盛入盘中即可。

Tips

跟着做不会错：豌豆应烧煮熟透再食用，有利于营养物质的消化吸收。

生汁炒虾球

◉难易度：★★☆ ◉功效：降压降糖

材料

虾仁130克，沙拉酱40克，炼乳40克，蛋黄1个，西红柿30克，蒜末各少许

调料

盐3克，鸡粉2克，生粉、食用油各适量

做法

❶ 西红柿切瓣去皮，再切成粒。
❷ 虾仁由背部切开，去除虾线。
❸ 虾仁中加盐、鸡粉拌匀，倒入蛋黄拌匀，再滚上生粉待用。
❹ 沙拉酱装入小碗中，加入炼乳搅拌均匀，制成调味汁待用。
❺ 热锅注油烧至五成热，倒入虾肉炸1分钟至断生，捞出。
❻ 用油起锅，倒入蒜末，爆香。
❼ 放入切好的西红柿，翻炒香。
❽ 关火，放入炸好的虾仁。
❾ 倒入备好的调味汁，快速翻炒至食材入味，盛出即成。

蒜香大虾

◉难易度：★☆☆　◉功效：降低血脂

材料

基围虾230克，红椒30克，蒜末、葱花各少许

调料

盐2克，鸡粉2克，食用油适量

做法

❶ 用剪刀剪去基围虾头须和虾脚，将虾背切开。
❷ 洗好的红椒切成丝。
❸ 热锅注油，烧至六成热，放入处理好的基围虾，炸至深红色。
❹ 捞出炸好的虾，装入盘中，待用。
❺ 锅底留油，放入蒜末，炒香。
❻ 倒入炸好的基围虾，放入红椒丝，翻炒匀。
❼ 加入盐、鸡粉，炒匀调味，放入葱花，翻炒匀，关火后盛出炒好的基围虾，装入盘中即可。

跟着做不会错：要事先摘去豆角的两头，以免影响菜肴的口感。

虾仁炒豆角

◉难易度：★★★　◉功效：增强免疫力

材料

虾仁60克，豆角150克，红椒10克，姜片、蒜末、葱段各少许

调料

盐3克，鸡粉2克，料酒4毫升，水淀粉、食用油各适量

做法

1. 洗净的豆角切成段。
2. 洗好的红椒切开，再切成条。
3. 洗净的虾仁由背部切开，去除虾线。
4. 将处理好的虾仁放在碗中。
5. 加入少许盐、鸡粉，淋入少许水淀粉，拌匀。
6. 再注入少许食用油，腌渍约10分钟至入味。
7. 锅中注入适量清水烧开，放入少许食用油、盐，倒入切好的豆角，搅匀。
8. 煮约1分钟，至豆角变成翠绿色后捞出，沥干水分，盛入盘中待用。
9. 用油起锅，放入姜片、蒜末、葱段，爆香。
10. 倒入红椒，放入腌好的虾仁，翻炒几下。
11. 再淋料酒，快速翻炒几下，直至虾身弯曲、变色。
12. 倒入焯过的豆角，翻炒匀。
13. 加入鸡粉、盐，炒匀调味。
14. 注入少许清水，收拢食材，略煮一会儿。
15. 用水淀粉勾芡，炒至食材熟透。
16. 关火后盛出锅中的菜肴，装在盘中即成。

桂圆蟹块

◉难易度：★☆☆　◉功效：开胃消食

材料

蟹块400克，桂圆肉100克，洋葱块50克，姜片、葱段各少许

调料

料酒10毫升，生抽5毫升，生粉20克，盐2克，鸡粉2克，食用油适量

做法

❶ 洗净的蟹块装入盘中，撒上生粉，拌匀。

❷ 热锅注油，烧至六成热，放入蟹块，炸约半分钟至其呈鲜红色。

❸ 把炸好的蟹块捞出，装盘备用。

❹ 锅底留油，放入洋葱、姜片、葱段，爆香。

❺ 倒入炸好的蟹块，淋入料酒。

❻ 放入盐、鸡粉，淋入生抽，翻炒均匀。

❼ 倒入桂圆肉，炒匀，盛入盘中即可。

葱爆海参

◉难易度：★★☆　◉功效：降低血糖

材料

海参300克，葱段50克，姜片40克，高汤200毫升

调料

盐、鸡粉各3克，白糖2克，蚝油5毫升，料酒4毫升，生抽6毫升，水淀粉、食用油各适量

做法

1. 海参洗净，切条形。
2. 锅中注入清水烧开，加入少许盐、鸡粉。
3. 倒入海参搅拌匀，煮约1分钟。
4. 再捞出海参，沥干水分待用。
5. 用油起锅，放入姜片、部分葱段，爆香。
6. 倒入氽过水的海参，淋入料酒，炒匀提味。
7. 倒入高汤，放入蚝油、生抽。
8. 加盐、鸡粉、白糖炒匀调味。
9. 转大火收汁，撒上余下葱段，再倒入水淀粉翻炒至汤汁收浓，关火后盛出即成。

草菇炒牛蛙

◉难易度：★★☆ ◉功效：益气补血

材料

牛蛙150克，草菇25克，胡萝卜5克，西芹10克，姜片、葱段各少许

调料

盐3克，鸡粉3克，料酒10毫升，水淀粉、胡椒粉、食用油各适量

做法

❶ 西芹切小段；胡萝卜切成片。
❷ 洗净的草菇对半切开，备用。
❸ 处理好的牛蛙放入碗中，加入少许盐、料酒，加入水淀粉拌匀，腌渍10分钟至其入味，备用。
❹ 草菇倒入开水中煮一会儿。
❺ 捞出草菇，装入盘中，备用。
❻ 用油起锅，放姜片、葱段爆香。
❼ 放入腌好的牛蛙，炒匀，淋入料酒，翻炒匀。
❽ 放入草菇、胡萝卜、西芹炒匀。
❾ 加入盐、鸡粉、胡椒粉，翻炒至食材熟透、入味，关火后盛出炒好的菜肴，装入盘中即可。

丝瓜炒蛤蜊

◉难易度：★★☆　◉功效：降低血脂

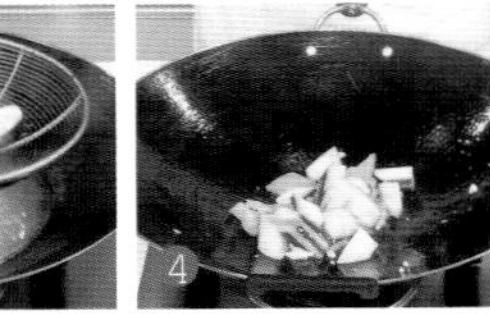

材料

蛤蜊170克，丝瓜90克，彩椒40克，姜片、蒜末、葱段各少许

调料

豆瓣酱15克，盐、鸡粉各2克，生抽2毫升，料酒4毫升，水淀粉、食用油各适量

做法

❶ 将蛤蜊对半切开去除内脏，再放入清水中洗净。

❷ 丝瓜洗净，去皮，切小块；彩椒切成小块。

❸ 锅中注水烧开，放入蛤蜊煮约半分钟，捞出。

❹ 用油起锅，放入姜片、蒜末、葱段爆香，倒入彩椒、丝瓜，快速翻炒匀，至材料变软。

❺ 放入汆好的蛤蜊，炒匀，再淋入料酒，炒匀。

❻ 放入豆瓣酱炒匀炒香，加入鸡粉、盐炒匀调味，注入清水，淋生抽，略煮片刻至食材熟透。

❼ 待锅中汤汁收浓时倒入水淀粉勾芡，关火盛出。

素炒海带结

◉难易度：★☆☆　◉功效：降低血压

材料

海带结300克，香干80克，洋葱60克，彩椒40克

调料

盐2克，鸡粉2克，水淀粉4毫升，生抽、食用油各适量

做法

❶ 香干切成条；洗好的彩椒切成条；洋葱切成条。

❷ 锅中注入适量清水烧开，倒入少许食用油。

❸ 倒入洗净的海带结，煮2分钟。

❹ 捞出焯好的海带结，沥干水分，备用。

❺ 用油起锅，倒入香干、洋葱、彩椒，炒匀。

❻ 放入海带结，快速翻炒匀，加入生抽、盐、鸡粉，炒匀调味。

❼ 倒入水淀粉，快速翻炒均匀，关火盛出。

Part 4

美味炖煮蒸菜

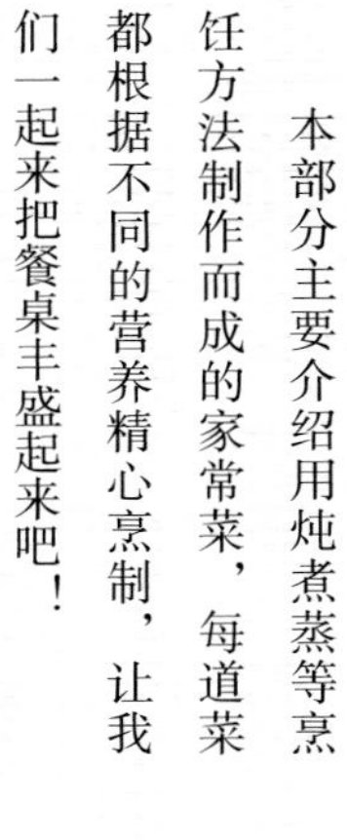

辛苦了一天，用美味佳肴来喂饱肚皮可谓是最大的满足。或是做一道可口的蒸排骨慰劳自己，或是炖一锅鲜美的靓汤犒赏家人，或是煮一锅什锦蔬菜与好友分享，不管哪一种，都是对心灵很好的慰藉。

本部分主要介绍用炖煮蒸等烹饪方法制作而成的家常菜，每道菜都根据不同的营养精心烹制，让我们一起来把餐桌丰盛起来吧！

芹菜红枣汤

◉难易度：★☆☆　◉功效：开胃消食

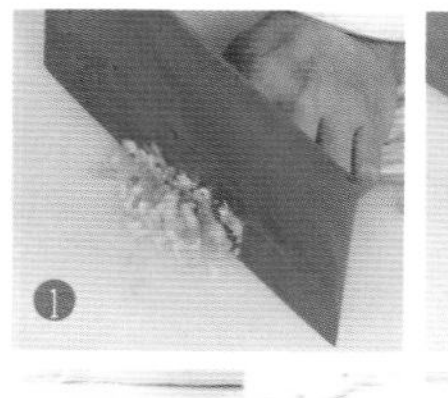

材料

芹菜65克，红枣20克

调料

盐少许，芝麻油适量

做法

❶ 洗好的芹菜切成碎末。

❷ 洗净的红枣切开，去核，切成细丝，再切成粒。

❸ 砂锅中注入适量清水烧开，倒入红枣粒。

❹ 盖上锅盖，用中火煮约10分钟至其软烂。

❺ 揭开锅盖，放入芹菜末，搅拌均匀。

❻ 加入盐、芝麻油，搅匀，略煮片刻至食材入味，关火后盛出煮好的汤料，装入碗中即可。

胡萝卜西红柿汤

◉难易度：★☆☆ ◉功效：保护视力

材料

胡萝卜30克，西红柿120克，鸡蛋1个，姜丝、葱花各少许

调料

盐少许，鸡粉2克，食用油适量

做法

❶ 洗净去皮的胡萝卜切成薄片。
❷ 洗好的西红柿切开，切成片。
❸ 鸡蛋打入碗中，搅拌均匀。
❹ 锅中倒入适量食用油烧热，放入姜丝，爆香。
❺ 倒入胡萝卜片、西红柿片。
❻ 注入适量清水。
❼ 盖上锅盖，用中火煮3分钟。
❽ 揭开锅盖，加入盐、鸡粉，搅拌均匀至食材入味。
❾ 倒入备好的蛋液，边倒边搅拌，至蛋花成形，关好火盛出煮好的汤料，装入碗中，撒上葱花即可。

蒜泥蒸茄子

◉难易度：★★☆　◉功效：降低血压

材料

茄子300克，彩椒40克，蒜末45克，香菜、葱花各少许

调料

生抽5毫升，陈醋5毫升，鸡粉2克，盐2克，芝麻油2毫升，食用油适量

跟着做不会错：茄子易吸油吸水，蒸之前可多浇些味汁，这样才能防止蒸干，而且更美味。

做法

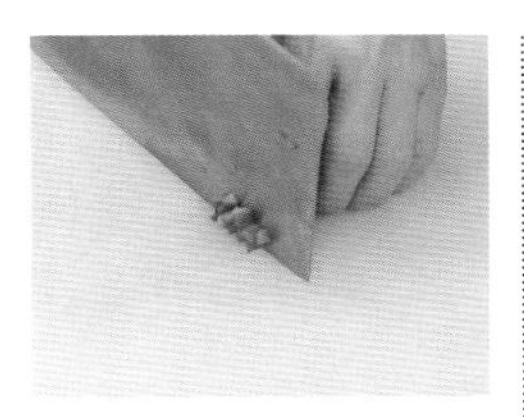

❶ 洗好的彩椒切条，改切成粒。

❷ 洗净的茄子去皮，对半切开，切上网格花刀。

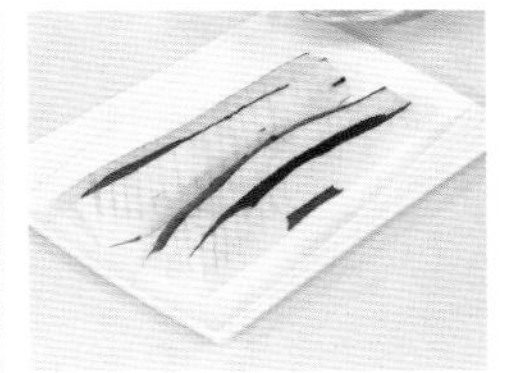

❸ 将茄子装入盘中，摆放整齐。

❹ 把备好的蒜末、葱花放入碗中，淋入生抽、陈醋。

❺ 加入鸡粉、盐、芝麻油。

如果口味偏淡，可少放些调料，再加入少许清水。

❻ 用筷子匀速搅拌一会儿，制成味汁。

❼ 把味汁浇在茄子上，放上彩椒粒。

❽ 把加工好的茄子放入烧开的蒸锅中。

❾ 盖上蒸锅盖，用大火蒸10分钟，至茄子熟透。

❿ 揭开盖，取出蒸好的茄子，撒上葱花。

⓫ 浇上少许热油，放上香菜点缀即可。

土豆炖南瓜

◉难易度：★★☆　◉功效：降低血压

材料

南瓜300克，土豆200克，蒜末、葱花各少许

调料

盐2克，鸡粉2克，蚝油10毫升，水淀粉5毫升，芝麻油2毫升，食用油适量

做法

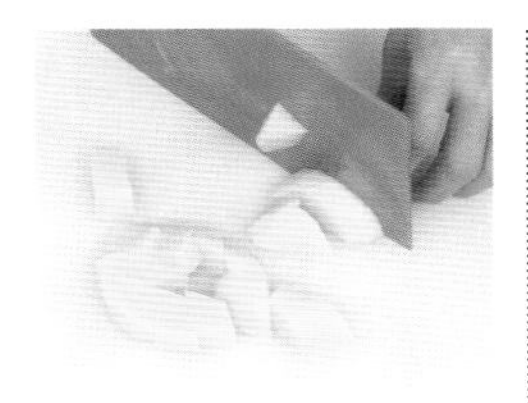

❶ 将洗净去皮的土豆切厚块，再切条，改切成丁。

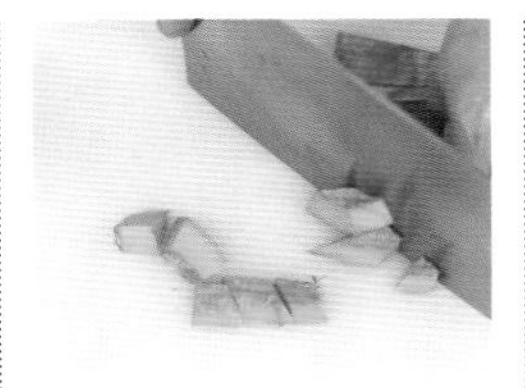

❷ 洗好去皮的南瓜切条，再切成小块。

❸ 用油起锅，放入蒜末，爆香。

❹ 放入土豆丁，翻炒均匀。

❺ 再倒入切好的南瓜，翻炒均匀。

❻ 注入适量清水，加入盐、鸡粉，放入蚝油，翻炒均匀。

❼ 盖上锅盖，用小火炖约8分钟，至食材熟软。

❽ 揭盖，大火收汁，倒入水淀粉勾芡，翻炒至食材熟透。

❾ 再淋入芝麻油，翻炒均匀。

❿ 关火后盛出炖好的菜肴，装入盘中，撒上葱花即成。

Tips

跟着做不会错：锅中注入的清水以刚没过食材为佳，这样炖煮好的菜肴口感才松软。

桂花蜜糖蒸萝卜

◉难易度：★☆☆　◉功效：瘦身排毒

材料

白萝卜180克，桂花15克，枸杞少许

调料

蜂蜜25克

做法

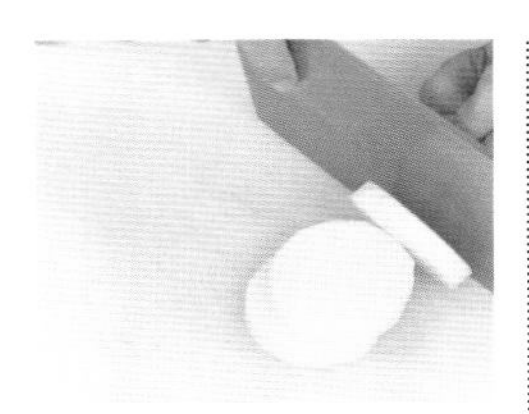

❶ 将去皮洗净的白萝卜切成均匀的厚片。

❷ 用梅花形模具制成萝卜花。

❸ 再用小刀在萝卜花的中间部位挖出小圆孔，待用。

❹ 洗净的桂花放在小碟中，加蜂蜜拌匀，制成糖桂花，待用。

❺ 取一个蒸盘，放入备好的萝卜花，摆放整齐。

❻ 在萝卜花的圆孔处盛入适量糖桂花，点缀上枸杞，待用。

❼ 蒸锅上火烧开，放入蒸盘。

❽ 盖上盖，中火蒸约15分钟至食材熟透。

❾ 关火后揭盖，取出蒸好的菜肴，待稍微冷却后即可食用。

Tips

跟着做不会错：萝卜片切的厚度要适中，如果切太厚不易熟透，切太薄则不易成形。

蜂蜜蒸红薯

◉难易度：★☆☆ ◉功效：防癌抗癌

材料

红薯300克

调料

蜂蜜适量

做法

❶ 洗净去皮的红薯修平整，切成菱形状。
❷ 把切好的红薯摆入蒸盘中，备用。
❸ 蒸锅上火烧开，放入蒸盘。
❹ 盖上盖，用中火蒸约15分钟至红薯熟透。
❺ 取出蒸盘，待稍微放凉后，浇上蜂蜜即可。

豆苗煮芋头

◉难易度：★☆☆ ◉功效：增强免疫力

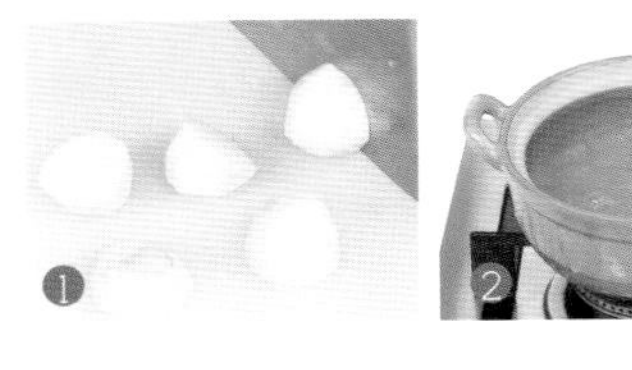

材料

豆苗50克，小芋头150克，清鸡汤300毫升，姜丝少许

调料

盐2克，鸡粉2克

做法

❶ 洗净去皮的小芋头对半切开，备用。

❷ 砂锅中注入适量清水烧热，倒入备好的清鸡汤。

❸ 倒入小芋头、姜丝，搅拌均匀。

❹ 盖上锅盖，用大火烧开后转小火煮30分钟至芋头熟软。

❺ 揭开锅盖，加入盐、鸡粉。

❻ 搅拌均匀，放入择洗好的豆苗。

❼ 搅拌一会儿至食材入味，关火后装入碗中即可。

百合枇杷炖银耳

◉难易度：★☆☆　◉功效：养心润肺

材料

水发银耳70克，鲜百合35克，枇杷30克

调料

冰糖10克

做法

❶ 洗净的银耳去蒂，切成小块。
❷ 洗好的枇杷切开，去核，再切成小块，备用。
❸ 锅中注入适量清水烧开，倒入备好的枇杷、银耳，放入洗净的百合。
❹ 盖上盖，烧开后用小火煮约15分钟。
❺ 揭盖，加入冰糖，拌匀，煮至溶化。
❻ 关火后盛出炖好的汤料即可。

芦笋马蹄藕粉汤

◉难易度：★☆☆ ◉功效：增强免疫力

材料

马蹄肉50克，芦笋40克，藕粉30克

做法

1. 将洗净去皮的芦笋切丁。
2. 洗好的马蹄肉切开，改切成小块。
3. 把藕粉装入碗中，倒入适量温开水，调匀，制成藕粉糊，待用。
4. 砂锅中注入适量清水烧热，倒入切好的芦笋、马蹄肉，搅拌匀。
5. 用大火煮约3分钟，至汤汁沸腾。
6. 再倒入调好的藕粉糊，拌匀，至其溶入汤汁中。
7. 关火后盛出煮好的藕粉汤，装入碗中即成。

金瓜杂菌盅

◉难易度：★★★　◉功效：增强免疫力

材料

金瓜650克，鸡腿菇65克，水发香菇95克，草菇20克，青椒15克，彩椒10克

调料

盐、鸡粉各2克，白糖3克，食用油适量

做法

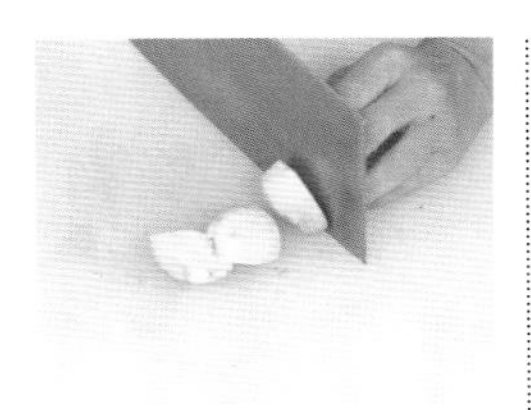

❶ 将洗净的香菇切小块；洗好的草菇对半切开；洗净的青椒去籽，再切菱形块。

❷ 洗好的彩椒切开，改切成小块；洗净的鸡腿菇切条形，再切小块；洗净的金瓜切去顶部，掏空瓜瓤，制成南瓜盅，待用。

❸ 锅中注入适量清水烧开，倒入草菇、鸡腿菇拌匀，略煮一会儿，至其断生后捞出，沥干水分待用。

❹ 用油起锅，倒入切好的香菇，炒匀。

❺ 倒入彩椒块、青椒块，放入焯过水的草菇、鸡腿菇。

❻ 翻炒一会儿，注入适量清水，用大火略煮一会儿。

❼ 加入盐、鸡粉、白糖炒匀调味。

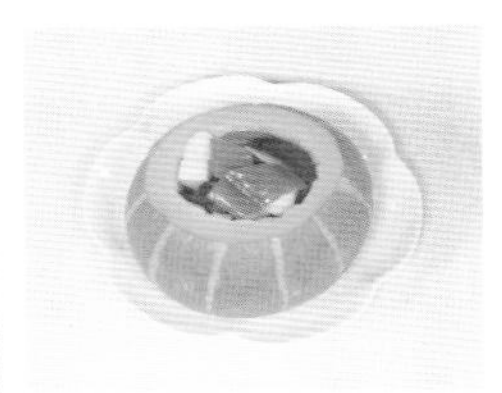

❽ 关火后盛出炒好的材料，装入金瓜盅内，待用。

❾ 蒸锅上火烧开，放入金瓜盅。

❿ 盖上锅盖，用中火蒸约40分钟，至食材熟透，关火后取出蒸好的菜肴，待稍微冷却后即可食用。

Tips

跟着做不会错：金瓜的瓜瓤要清除干净，以免蒸熟后影响成品的口感。

香菇炖豆腐

◉难易度：★★☆　◉功效：降低血压

材料

鲜香菇60克，豆腐200克，姜片、葱段各少许

调料

盐2克，白糖4克，鸡粉2克，蚝油10克，生抽5毫升，料酒4毫升，水淀粉4毫升，食用油适量

做法

1. 洗净的豆腐切成方块。
2. 洗好的香菇切成片，备用。
3. 香菇放入沸水锅中煮半分钟。
4. 捞出焯好的香菇，沥干备用。
5. 将豆腐倒入沸水锅中，煮半分钟。
6. 捞出焯好的豆腐，沥干备用。
7. 用油起锅，放入姜片、葱段爆香。
8. 倒入焯过水的香菇，翻炒均匀。
9. 再放入豆腐块，淋入料酒，炒匀。
10. 倒入适量清水，煮至沸。
11. 加入生抽、蚝油、盐、白糖、鸡粉，炒匀，煮2分钟至食材入味。
12. 倒入水淀粉。
13. 快速翻炒均匀。
14. 关火后盛出炒好的食材，装入盘中，撒上葱段即可。

Tips

跟着做不会错：切豆腐的时候可以把豆腐两面的老皮切去，这样炒出来的豆腐更嫩。

青菜蒸豆腐

◉难易度：★★☆　◉功效：保护视力

材料

豆腐100克，上海青60克，熟鸡蛋1个

调料

盐2克，水淀粉4毫升

做法

❶ 上海青放入沸水锅，煮半分钟。

❷ 待其断生后捞出，沥干水分，将放凉后的上海青切碎，剁成末。

❸ 洗净的豆腐压碎，剁成泥；熟鸡蛋取出蛋黄，切成碎末。

❹ 将豆腐泥、上海青碎末搅拌匀。

❺ 加入盐，拌至溶化，淋入水淀粉，拌匀上浆。

❻ 将拌好的食材装入另一个大碗中，抹平。

❼ 再均匀地撒上蛋黄末，即成蛋黄豆腐泥。

❽ 蒸锅上火烧沸，放入大碗。

❾ 中火蒸8分钟，取出即成。

上海青海米豆腐羹

◉难易度：★☆☆ ◉功效：益智健脑

材料

上海青35克，海米15克，豆腐270克

调料

盐少许，鸡粉2克，水淀粉、料酒、食用油各适量

做法

1. 将豆腐洗净，切成小方块；上海青洗净，切碎，备用。
2. 锅中倒入适量食用油烧热，放入洗净的海米，炒香。
3. 淋入料酒，炒匀。
4. 注入适量清水。
5. 加入盐、鸡粉。
6. 倒入切好的豆腐，拌匀。
7. 中火煮3分钟，至食材熟软。
8. 揭开锅盖，倒入上海青，煮至上海青变软。
9. 倒入适量水淀粉，搅拌至汤汁浓稠，关火后盛入碗中即可。

核桃仁豆腐汤

◉难易度：★☆☆ ◉功效：保肝护肾

材料

豆腐200克，核桃仁30克，肉末45克，葱花、蒜末各少许

调料

盐、鸡粉各2克，食用油适量

做法

❶ 将洗净的豆腐切开，再切小块。

❷ 洗好的核桃仁切小块，备用。

❸ 用油起锅，倒入备好的肉末，炒至变色。

❹ 注入适量清水，用大火略煮一会儿，撇去浮油。

❺ 待汤汁沸腾，撒上蒜末，倒入核桃仁、豆腐。

❻ 拌匀，用大火煮约2分钟，至食材熟透。

❼ 加入盐、鸡粉，拌匀，煮至食材入味，关火后盛入碗中，点缀上葱花即可。

腐竹玉米马蹄汤

◉难易度：★★☆ ◉功效：清热解毒

材料

排骨块200克，玉米段70克，马蹄60克，胡萝卜50克，腐竹20克，姜片少许

调料

盐、鸡粉各2克，料酒5毫升

做法

❶ 胡萝卜切块；马蹄对半切开。
❷ 锅中注入适量清水烧热，倒入洗净的排骨块。
❸ 搅拌匀，汆去血水，去除浮沫，捞出排骨，沥干水分，待用。
❹ 砂锅中注水烧开，倒入汆过水的排骨，淋入料酒，拌匀。
❺ 放入切好的胡萝卜、马蹄，倒入玉米段，拌匀，撒上姜片。
❻ 盖上盖，烧开后小火煮1小时。
❼ 揭开盖，倒入腐竹，拌匀。
❽ 盖上盖，用小火续煮约10分钟。
❾ 揭开盖，加入盐、鸡粉搅拌匀，至其入味，关火后盛出即可。

栗子腐竹煲

◉难易度：★★★ ◉功效：益气补血

材料

腐竹20克，香菇30克，青椒、红椒各15克，芹菜10克，板栗60克，姜片、蒜末、葱段、葱花各少许

调料

盐、鸡粉各2克，水淀粉适量，白糖、番茄酱、生抽、食用油各适量

做法

❶ 芹菜切长段；青椒、红椒切小块。
❷ 香菇切小块；板栗切去两端。
❸ 热锅注油，烧至四五成热，倒入洗净的腐竹，拌匀。
❹ 炸至金黄色，捞出，待用。
❺ 油锅中放入板栗拌匀，炸干水分。
❻ 捞出板栗，沥干油，待用。
❼ 锅留底油烧热，倒入姜片、蒜末、葱段，爆香。
❽ 放入香菇炒匀，注入适量清水。
❾ 倒入腐竹、板栗，加入生抽拌匀。
❿ 倒入盐、鸡粉、白糖、番茄酱，拌匀调味。
⓫ 盖上盖，烧开后用小火焖4分钟。
⓬ 揭开盖，放青椒、红椒炒至断生。
⓭ 加水淀粉勾芡，撒上芹菜炒1分钟。
⓮ 关火后将食材盛入砂锅中，把砂锅置于火上，盖上盖，煮至沸，取下砂锅，揭开盖，撒上葱花即可。

Tips

跟着做不会错：腐竹可先用温水泡半小时，待沥干水分后再炸，口感更佳。

白菜肉卷

◉难易度：★★☆　◉功效：增高助长

材料

白菜叶75克，鸡蛋1个，肉末85克

调料

盐1克，鸡粉2克，生抽2毫升，芝麻油、面粉各适量

做法

❶ 鸡蛋打入碗中，打散调匀。
❷ 锅中注水烧开，放入洗净的白菜叶，煮至菜叶变软捞出，备用。
❸ 取一个大碗，放入肉末，加入鸡粉、盐、生抽，拌匀。
❹ 倒入蛋液，拌匀。
❺ 撒上适量面粉，快速搅拌至起劲，淋入芝麻油，拌匀。
❻ 把焯过水的白菜叶置于砧板上，铺开，放入适量馅料。
❼ 将白菜叶卷起，包成白菜卷生坯，放入蒸盘中，待用。
❽ 蒸锅上火烧开，放入蒸盘。
❾ 中火蒸10分钟，取出即可。

瘦肉莲子汤

◉难易度：★☆☆　◉功效：防癌抗癌

材料

猪瘦肉200克，莲子40克，胡萝卜50克，党参15克

调料

盐2克，鸡粉2克，胡椒粉少许

做法

❶ 将胡萝卜去皮，洗净，切成小块；猪瘦肉洗净，切片。

❷ 砂锅中注入清水，加入莲子、党参、胡萝卜。

❸ 放入猪瘦肉，拌匀。

❹ 盖上盖，用小火煮30分钟。

❺ 揭开盖，放入盐、鸡粉、胡椒粉，搅拌均匀，至食材入味，关火后盛入碗中即可。

跟着做不会错：千张焯水的时间不宜过久，以免破坏其所含的营养成分。

水煮肉片千张

◉难易度：★★★　◉功效：补钙

材料

千张300克，泡小米椒30克，红椒40克，猪瘦肉250克，姜片、蒜末、干辣椒、葱花各少许

调料

盐4克，鸡粉5克，水淀粉4毫升，辣椒油4毫升，陈醋8毫升，生抽4毫升，豆瓣酱、食粉、食用油各适量

做法

❶ 洗净的千张切成块，再切成丝，备用。
❷ 泡小米椒洗净，切碎。
❸ 洗净的红椒切成粒。
❹ 洗好的猪瘦肉切成片，放入碗中。
❺ 放入食粉，加入少许盐、鸡粉拌匀。
❻ 倒入水淀粉拌匀，淋入食用油腌渍10分钟。
❼ 锅中注水烧开，倒入食用油。
❽ 加入少许盐、鸡粉，搅拌匀，倒入千张，煮1分钟。
❾ 将千张捞出，沥干水分，装入碗中备用。
❿ 用油起锅，倒入姜片、蒜末、红椒、泡小米椒，爆香。
⓫ 加入适量豆瓣酱，炒匀。
⓬ 倒入适量清水，淋入辣椒油、陈醋、生抽，搅匀。
⓭ 再加入盐、鸡粉，搅匀，煮至沸。
⓮ 倒入腌好的肉片，快速搅散，煮约1分钟。
⓯ 将煮好的肉片盛入装有千张的碗中。
⓰ 烧热炒锅，倒入食用油烧热，在碗中撒上葱花、干辣椒，浇上热油即可。

香菇白菜瘦肉汤

◉难易度：★★☆　◉功效：增强免疫力

材料

水发香菇60克，大白菜120克，猪瘦肉100克，姜片、葱花少许

调料

盐3克，鸡粉3克，水淀粉、料酒、食用油各适量

做法

1. 大白菜洗净，切小块；香菇洗净，切片；猪瘦肉洗净，切片。
2. 将肉片装入碗中，放入少许盐、鸡粉，加入水淀粉，抓匀，注入少许食用油，腌渍10分钟至入味。
3. 用油起锅，放入姜片，爆香。
4. 倒入香菇、大白菜，翻炒均匀。
5. 淋入料酒，炒香。
6. 倒入适量清水，搅拌匀。
7. 盖上盖，用大火煮沸。
8. 揭盖，放入盐、鸡粉拌匀。
9. 倒入肉片搅散，用大火煮至汤沸腾，盛入碗中，放入葱花即可。

蒸肉丸子

◉难易度：★★☆　◉功效：开胃消食

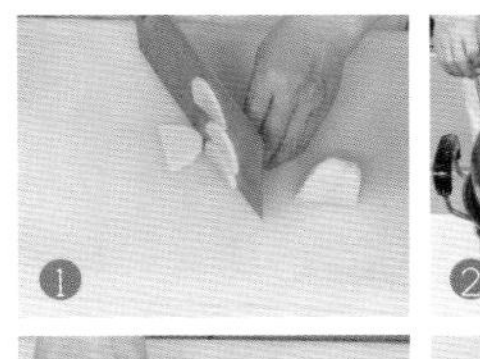

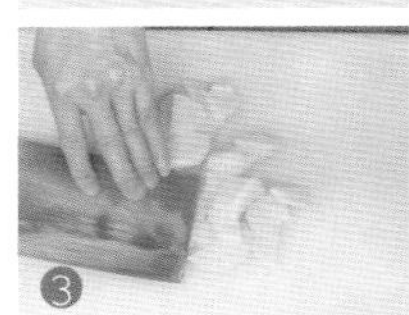

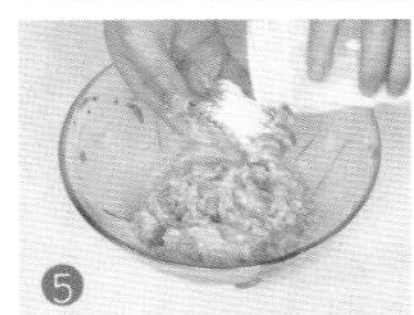

材料

土豆170克，肉末90克，蛋液少许

调料

盐、鸡粉各2克，白糖6克，生粉、芝麻油各适量

做法

❶ 洗净去皮的土豆切开，再切片，装入盘中备用。

❷ 蒸锅上火烧开，放入土豆片，中火蒸10分钟。

❸ 揭开盖，取出土豆，放凉后压成泥，待用。

❹ 取一个大碗，倒入肉末，加入盐、鸡粉、白糖。

❺ 倒入蛋液拌匀，倒入土豆泥拌匀，撒上生粉，拌匀至起劲。

❻ 取一个蒸盘，抹上芝麻油，把拌好的土豆肉末泥做成数个丸子，放入蒸盘，备用。

❼ 蒸锅上火烧开，放入蒸盘，盖上盖，用中火蒸10分钟至食材熟透，取出蒸盘，稍凉后即可食用。

猪血豆腐青菜汤

◉难易度：★☆☆　◉功效：增强免疫力

材料

猪血300克，豆腐270克，生菜30克，虾皮、姜片、葱花少许

调料

盐2克，鸡粉2克，胡椒粉、食用油各适量

做法

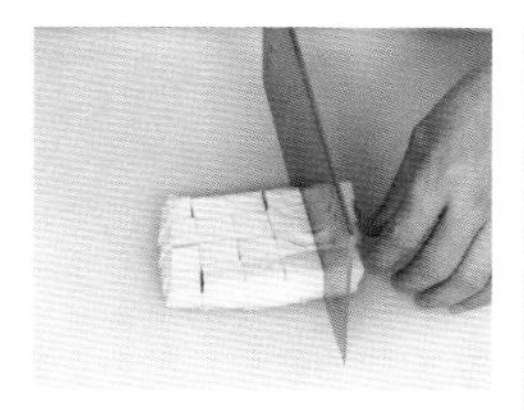

❶ 洗净的豆腐切成条，改切成小方块。

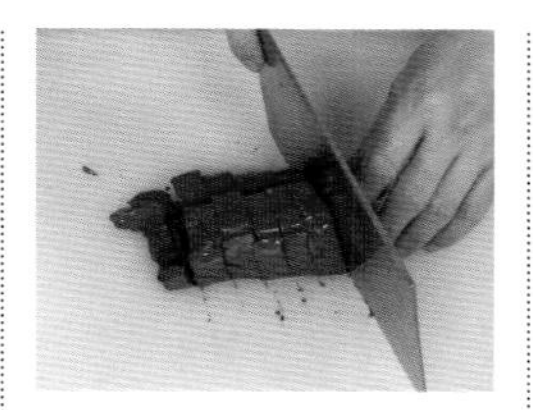

❷ 洗好的猪血切成条，改切成小块。

❸ 锅中注入适量清水烧开，倒入备好的虾皮、姜片。

❹ 再倒入切好的豆腐、猪血。

❺ 加入盐、鸡粉，搅拌均匀。

❻ 盖上锅盖，用大火煮2分钟。

❼ 揭开锅盖，淋入食用油，放入洗净的生菜，拌匀。

❽ 撒入适量胡椒粉。

❾ 搅拌均匀，至食材入味。

❿ 关火后盛出煮好的汤料，装入碗中，撒上葱花即可。

Tips

跟着做不会错：猪血烹制前要泡在水中，否则会影响口感。

三色肝末

◉难易度：★★☆　◉功效：开胃消食

材料

猪肝100克，胡萝卜60克，西红柿45克，洋葱30克，菠菜35克

调料

盐、食用油各少许

做法

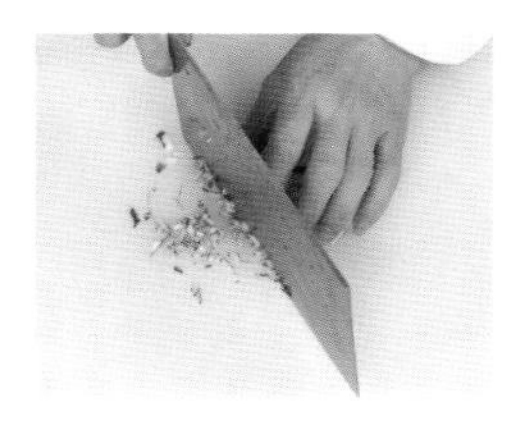

❶ 洗好的洋葱切片，改切成粒，再剁碎。

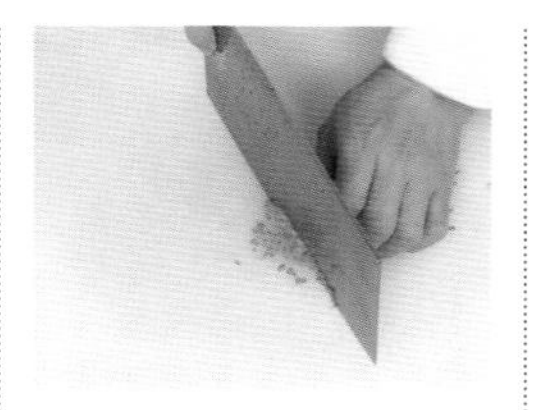

❷ 洗净去皮的胡萝卜切成薄片，改切成丝，再切成粒。

❸ 洗好的西红柿切片，改切成条，再切丁，剁碎。

❹ 洗净的菠菜切碎，待用。

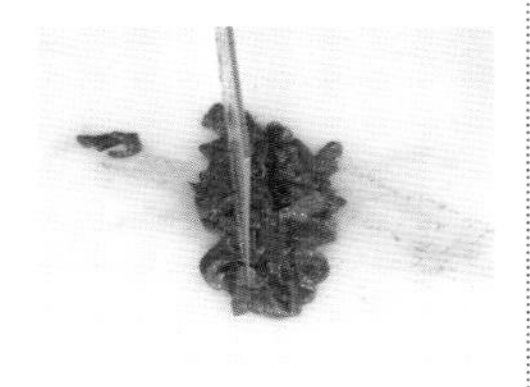

❺ 处理好的猪肝切片，剁碎，备用。

❻ 锅中注入适量清水烧开，加入少许食用油、盐。

❼ 倒入切好的胡萝卜、洋葱、西红柿，搅拌均匀。

❽ 放入切好的猪肝，搅拌均匀至其熟透。

❾ 撒上菠菜，搅匀，用大火略煮至熟，关火后盛出煮好的食材，装入碗中即可。

Tips

跟着做不会错：煮猪肝的时候最好用中火，这样煮好的猪肝口感更佳。

丝瓜虾皮猪肝汤

◉难易度：★★☆　◉功效：保护视力

材料

丝瓜90克，猪肝85克，虾皮12克，姜丝、葱花各少许

调料

盐3克，鸡粉3克，水淀粉2毫升，食用油适量

跟着做不会错：猪肝切片后应及时加调料和水淀粉拌匀，腌渍后及时入锅，以免营养成分流失。

做法

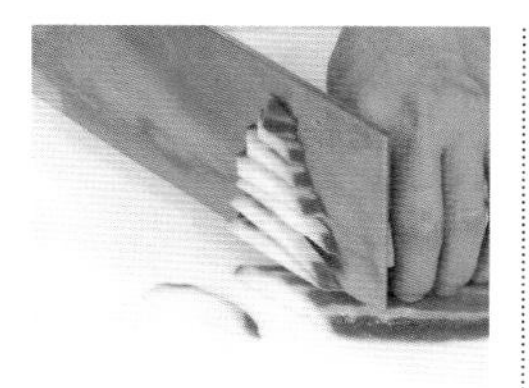

❶将去皮洗净的丝瓜对半切开，切成片，备用。

❷洗好的猪肝切成片，备用。

❸猪肝片装入碗中，放入少许盐、鸡粉，加入水淀粉，拌匀。

❹再淋入少许食用油，腌渍10分钟。

❺锅中注油烧热，放入姜丝，爆香，再放入虾皮。

❻快速翻炒出香味。

❼倒入适量清水。

❽盖上盖子，用大火煮沸。

❾揭盖，倒入丝瓜，加入盐、鸡粉。

❿拌匀后放入猪肝。

⓫用锅铲搅散，继续用大火煮至沸腾。

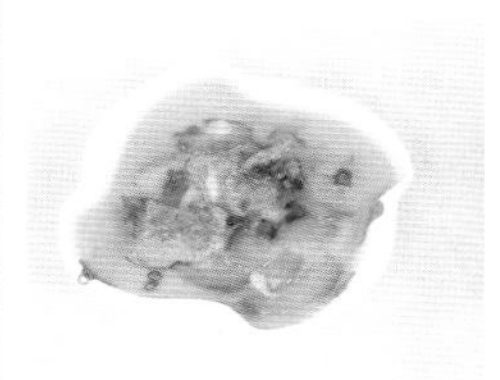

⓬关火，将锅中汤料盛出，装入备好的碗中，再将葱花撒入汤中即可。

酸菜炖猪肚

◉难易度：★★☆ ◉功效：开胃消食

材料

猪肚200克，酸菜150克，水发腐竹100克，姜片少许

调料

盐2克，鸡粉2克，料酒适量

做法

❶ 腐竹洗净，切段；酸菜洗净，切段；洗净的猪肚切片。

❷ 锅中注水烧热，放入猪肚，淋入少许料酒拌匀，汆去血水。

❸ 捞出猪肚，沥干水分，待用。

❹ 砂锅中注水烧开，倒入猪肚，撒上姜片。

❺ 放入酸菜，淋入料酒。

❻ 盖上盖，烧开后用小火炖约40分钟至食材熟软。

❼ 揭盖，倒入腐竹，搅拌匀。

❽ 盖上盖，用中火煮约10分钟。

❾ 揭开盖，加入鸡粉、盐，拌匀调味，关火后盛出即可。

党参薏仁炖猪蹄

◉难易度：★☆☆　◉功效：益气补血

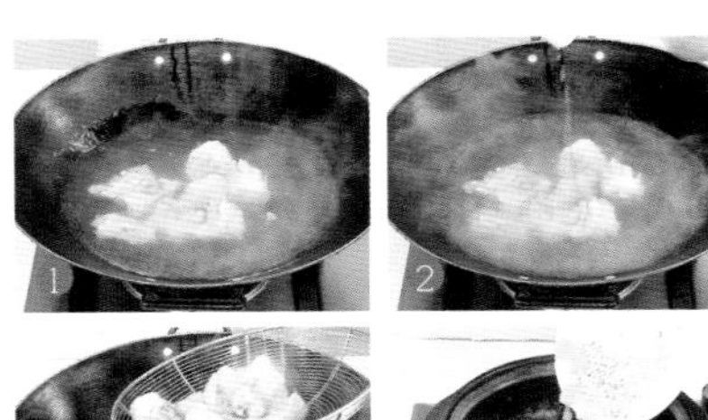

材料

猪蹄块350克，薏米50克，党参、姜片各少许

调料

盐、鸡粉各2克，料酒适量

做法

❶ 锅中注入适量清水烧开，倒入洗净的猪蹄块。

❷ 淋入少许料酒，拌匀，煮至沸，汆去血水。

❸ 把汆好的猪蹄捞出，待用。

❹ 砂锅中注入适量清水烧开，倒入洗净的党参、薏米、姜片。

❺ 放入汆过水的猪蹄块，淋入料酒。

❻ 盖上盖，烧开后用小火炖约1小时至食材熟透。

❼ 揭盖，加入盐、鸡粉，拌匀调味，关火后盛出炖好的汤料即可。

芸豆平菇牛肉汤

◉难易度：★★☆　◉功效：降低血压

材料

牛肉120克，水发芸豆100克，平菇90克，姜丝、葱花各少许

调料

盐3克，鸡粉2克，食粉少许，生抽3毫升，水淀粉、食用油各适量

做法

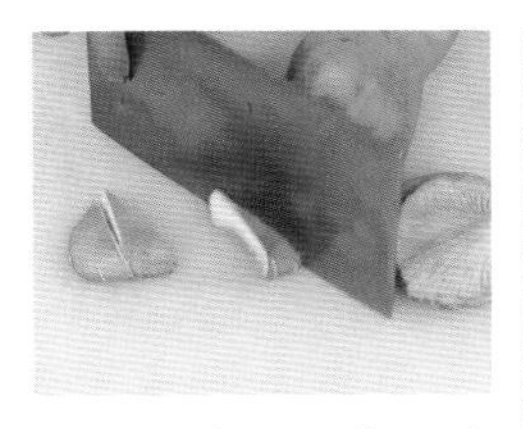

❶ 将洗净的平菇切成小块。

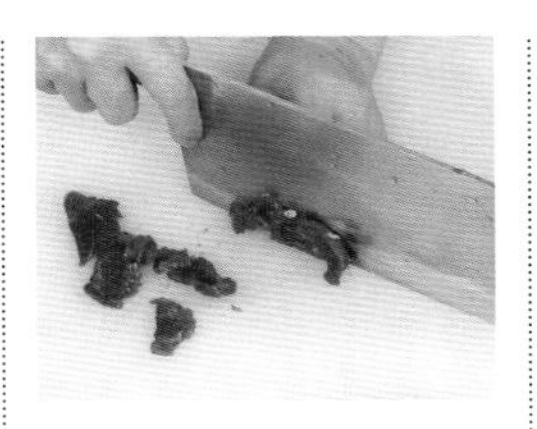

❷ 将洗好的牛肉切成小片。

❸ 把肉片装入碗中，撒上少许食粉，放入少许盐、鸡粉、生抽，搅拌均匀。

❹ 淋入适量水淀粉，拌匀上浆，再注入少许食用油，腌渍约10分钟，至其入味。

❺ 锅中注入适量清水烧开，倒入洗净的芸豆，撒上姜丝。

❻ 盖上盖，煮沸后用小火煮约20分钟，至芸豆变软。

❼ 揭盖，加入盐、鸡粉，淋入食用油，倒入平菇，拌匀。

❽ 盖上盖，用大火煮1分钟至汤汁沸腾。

❾ 取下盖，放入腌渍好的牛肉片，搅拌匀，略煮片刻，至食材熟透。

❿ 关火后盛出煮好的牛肉汤，装入汤碗中，撒上葱花即成。

Tips

跟着做不会错：牛肉片切的厚度要均匀，这样肉质的口感才好。

跟着做不会错：炸好的腐竹可以用吸油纸吸去多余油分，这样煮的时候就不会太油腻。

牛筋腐竹煲

◉难易度：★★★　◉功效：益气补血

材料

腐竹段45克，牛筋块120克，水发香菇30克，八角、桂皮、姜片、葱段、葱花各少许

调料

料酒5毫升，生抽4毫升，老抽2毫升，盐2克，鸡粉2克，白糖2克，辣椒酱7克，水淀粉8毫升，芝麻油4毫升，食用油适量

做法

❶ 洗好的香菇去蒂，切小块。

❷ 锅中注入清水烧开，倒入洗净的牛筋块。

❸ 加少许盐，略煮一会儿，搅拌匀。

❹ 放入香菇，拌匀，煮至断生。

❺ 捞出煮好的材料，沥干水，待用。

❻ 锅中注入适量食用油，烧至四五成热。

❼ 倒入腐竹段，拌匀，略炸一会儿。

❽ 捞出炸好的腐竹，沥干油，待用。

❾ 用油起锅，放入备好的八角、桂皮、姜片、葱段，爆香。

❿ 倒入汆过的材料，淋入料酒炒匀炒香。

⓫ 加入生抽、老抽、盐、鸡粉，调味。

⓬ 注入适量清水，炒匀，撒上白糖。

⓭ 倒入腐竹，炒匀，略煮一会儿。

⓮ 盖上盖，烧开后用小火焖约5分钟。

⓯ 揭盖，转大火收汁，加入辣椒酱，炒出香辣味，用水淀粉勾芡，淋上芝麻油。

⓰ 关火后盛入砂锅中，将砂锅置于大火上，盖上盖，用大火煮至沸，关火后取下砂锅，揭盖，撒上葱花即可。

羊肉胡萝卜丸子汤

◉难易度：★★☆ ◉功效：保护视力

材料

羊肉末150克，胡萝卜40克，洋葱20克，姜末少许

调料

盐2克，鸡粉2克，生抽3毫升，胡椒粉1克，生粉适量

做法

❶ 洗净去皮的胡萝卜切成粒。
❷ 洗好的洋葱切成粒。
❸ 取大碗，放入羊肉末，加少许盐、鸡粉，加入生抽、胡椒粉拌匀。
❹ 撒上姜末，拌匀。
❺ 倒入洋葱、胡萝卜，拌匀。
❻ 撒上生粉拌匀，摔打至起劲，制成羊肉泥，待用。
❼ 沸水锅中加盐、鸡粉，煮沸。
❽ 把羊肉泥制成数个羊肉丸子，放入开水锅中。
❾ 盖上盖，用中火煮4分钟至其熟透，揭盖，撇去浮沫，关火后盛入碗中即可。

冬瓜蒸鸡

◉难易度：★★☆　◉功效：增强免疫力

材料

鸡肉块300克，冬瓜200克，姜片、葱花各少许

调料

盐2克，鸡粉2克，生粉、生抽、料酒各适量

做法

❶ 将洗净的冬瓜去皮，切厚片，再切成小块，把切好的冬瓜装盘备用。

❷ 把洗好的鸡肉块装入碗中，放入少许姜片。

❸ 加入盐、鸡粉、生抽、料酒，抓匀。

❹ 放入适量生粉，抓匀。

❺ 将冬瓜装入蒸盘中，再铺上鸡肉块。

❻ 把蒸盘放入烧开的蒸锅中。

❼ 盖上盖，用中火蒸15分钟，至食材熟透，将蒸盘取出，再撒上少许葱花即成。

山药红枣鸡汤

◉难易度：★★☆　◉功效：益气补血

材料

鸡肉400克，山药230克，红枣、枸杞、姜片各少许

调料

盐3克，鸡粉2克，料酒4毫升

做法

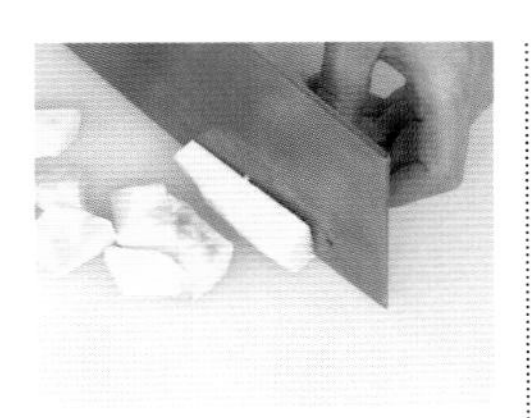

❶ 洗净去皮的山药切开，再切滚刀块。

❷ 洗好的鸡肉切块，备用。

❸ 锅中注入适量清水烧开，倒入鸡肉块，搅拌均匀，淋入少许料酒，用大火煮约2分钟，撇去浮沫。

❹ 捞出鸡肉，沥干水分，装盘备用。

❺ 砂锅中注入清水烧开，倒入鸡肉块。

❻ 放入红枣、姜片、枸杞，淋入料酒。

❼ 盖上盖，用小火煮40分钟至食材熟透。

❽ 揭开盖，加入盐、鸡粉。

❾ 搅拌均匀，略煮片刻至食材入味。

❿ 关火后，盛出煮好的汤料，装入碗中即可。

Tips

跟着做不会错：氽煮好的鸡肉块可用清水冲洗，这样能彻底去除血渍。

茯苓胡萝卜鸡汤

◉难易度：★☆☆ ◉功效：增强免疫

材料

鸡肉块500克，胡萝卜100克，茯苓25克，姜片、葱段各少许

调料

料酒16毫升，盐2克，鸡粉2克

做法

❶ 洗净去皮的胡萝卜切成小块。
❷ 鸡块倒入沸水锅中，搅散。
❸ 淋入少许料酒搅匀，汆去血水。
❹ 捞出鸡肉，装入盘中，备用。
❺ 砂锅中注入适量清水烧开，放入备好的姜片、茯苓。
❻ 倒入汆过水的鸡肉块，放入胡萝卜块。
❼ 淋入料酒。
❽ 盖上盖，用小火炖1小时至食材熟透。
❾ 揭开盖，加入盐、鸡粉，拌匀调味，加葱段，关火后盛出煮好的汤料，装入碗中即可。

酸萝卜老鸭汤

◉难易度：★★☆　◉功效：降低血压

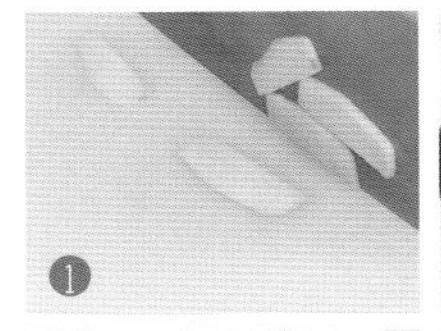

材料

老鸭肉块500克，酸萝卜200克，生姜、花椒适量

调料

盐3克，鸡粉2克，料酒8毫升

做法

❶ 将洗净去皮的生姜切成片。

❷ 锅中注水烧开，倒入鸭肉块搅拌匀，淋入少许料酒，用大火煮沸，汆去血渍，捞出沥干水分，待用。

❸ 砂锅中注入适量清水烧开，放入洗净的花椒。

❹ 倒入鸭肉块，撒上姜片，淋入料酒提味。

❺ 盖上盖，煮沸后用小火炖约40分钟，至肉质变软后揭盖，倒入酸萝卜，搅拌匀。

❻ 盖上盖，用小火续煮约20分钟，至食材熟透。

❼ 揭开盖，加入盐、鸡粉，搅匀，续煮片刻，至汤汁入味，关火后盛入汤碗中即成。

菌菇冬笋鹅肉汤

◉难易度：★★☆　◉功效：降低血糖

材料

鹅肉500克，茶树菇90克，蟹味菇70克，冬笋80克，姜片、葱花各少许

调料

盐2克，鸡粉2克，料酒20毫升，胡椒粉、食用油各适量

做法

1. 洗好的茶树菇切去老茎，改切段。
2. 洗净的蟹味菇切去老茎。
3. 去皮洗好的冬笋切段，再切片，装盘备用。
4. 锅中注入适量清水烧开，倒入洗好的鹅肉。
5. 淋入少许料酒、食用油，搅拌均匀，煮至沸，汆去血水。
6. 捞出汆好的鹅肉，沥干水分，备用。
7. 砂锅中注入适量清水烧开，倒入汆过水的鹅肉。
8. 放入姜片，淋入料酒。
9. 盖上盖，烧开后转小火炖30分钟，至鹅肉熟软。
10. 揭开盖，倒入茶树菇、蟹味菇、冬笋片，搅拌片刻。
11. 盖上盖，用小火再炖20分钟，至食材熟透。
12. 揭开砂锅盖，放入备好的盐、鸡粉、胡椒粉。
13. 搅拌片刻，至食材入味。
14. 关火后盛出炖好的汤料，装入汤碗中即可。

Tips

跟着做不会错：冬笋可以先用开水焯一下，这样能去除其涩味。

鹅肝炖土豆

◉难易度：★☆☆　◉功效：养颜美容

材料

鹅肝250克，土豆200克，香菜末、葱花各少许

调料

盐2克，甜面酱20克，料酒、生抽各4毫升，白糖、食用油各适量

做法

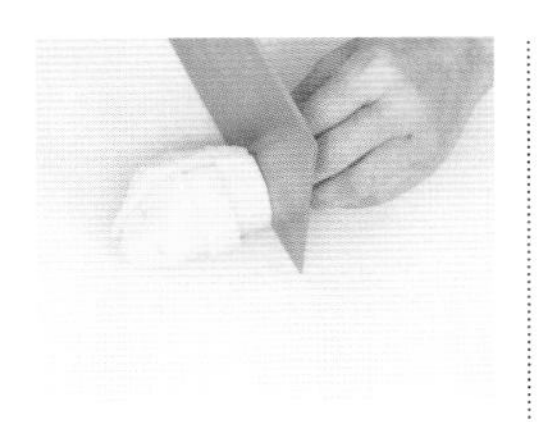

❶ 洗净去皮的土豆切开，再切成小块。

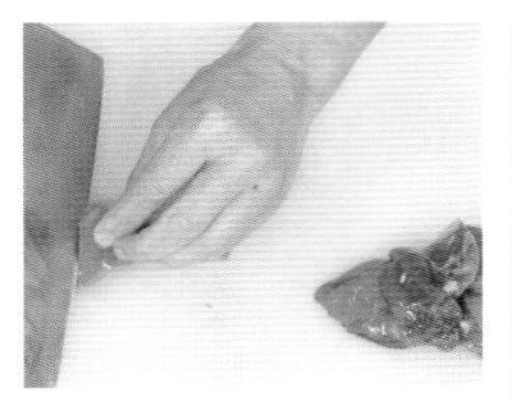

❷ 洗好的鹅肝切开，用斜刀切片，备用。

❸ 用油起锅，倒入甜面酱，炒香。

❹ 放入切好的鹅肝，炒匀，淋入料酒，炒匀炒香。

❺ 倒入土豆块，炒匀，注入适量清水。

❻ 盖上盖，烧开后用小火煮约30分钟。

❼ 揭开盖，加入盐、白糖、生抽。

❽ 再盖上盖，用小火续煮约15分钟至食材熟透。

❾ 揭开盖，搅拌几下，关火后盛入盘中，撒上香菜末、葱花即可。

Tips 

跟着做不会错：土豆吸水性强，炖此菜时宜多加些水。

红烧鹌鹑

◉难易度：★☆☆ ◉功效：降低血压

材料

鹌鹑肉300克，豆干200克，胡萝卜90克，花菇、姜片、葱条、蒜头、香叶、八角各少许

调料

料酒、生抽各6毫升，盐、白糖各2克，老抽2毫升，水淀粉、食用油适量

做法

❶ 洗好的葱条切段。
❷ 洗净的蒜头切成小块。
❸ 洗好去皮的胡萝卜切成小块。
❹ 洗净的花菇切成小块。
❺ 把豆干切成三角块，备用。
❻ 用油起锅，放入蒜头，炒香。
❼ 放入姜片、葱条，倒入洗净的鹌鹑肉，炒至变色。
❽ 淋入料酒，炒香，加入生抽，炒匀，倒入香叶、八角。
❾ 注水，加入盐、白糖、老抽。
❿ 倒入胡萝卜、花菇、豆干，炒匀。
⓫ 盖上锅盖，大火烧开后继续用小火焖约15分钟。
⓬ 揭开盖，用大火收汁，倒入水淀粉。
⓭ 拌匀，煮至浓稠。
⓮ 关火后盛入盘中即可。

Tips

跟着做不会错：鹌鹑肉可先汆一下水再烹饪，这样可减少油腻感。

菌菇鸽子汤

◉难易度：★★★　◉功效：降低血糖

材料

鸽子肉400克，蟹味菇80克，香菇75克，姜片、葱段各少许

调料

盐、鸡粉各2克，料酒8毫升

跟着做不会错：鸽子的肉质较嫩，放入的姜片不宜过多，以免影响鸽肉自身的鲜味。

做法

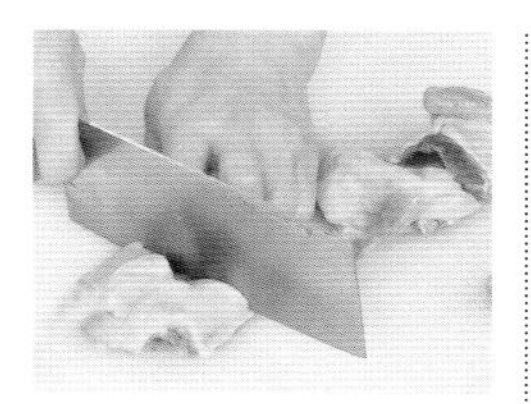

❶ 将洗净的鸽子肉斩成小块。

❷ 锅中注入适量清水烧开。

❸ 倒入鸽肉块，淋入少许料酒提味，搅拌匀，煮约半分钟。

❹ 汆去血渍，再捞出鸽肉，沥干水分，装盘待用。

❺ 砂锅中注入适量清水烧开。

❻ 倒入汆过的鸽肉，撒上姜片，淋入料酒拌匀。

❼ 盖上盖，烧开后炖约20分钟。

❽ 揭盖，倒入洗净的蟹味菇、香菇，搅拌均匀。

❾ 盖好盖，用小火续煮约15分钟，至食材熟透。

❿ 揭开盖，加入鸡粉、盐，拌匀。

⓫ 续煮一会儿，至汤汁入味。

⓬ 关火后盛出煮好的鸽子汤，装入汤碗中，撒上葱段即成。

黄花菜鸡蛋汤

◉难易度：★☆☆　◉功效：降低血压

材料

水发黄花菜100克，鸡蛋50克，葱花少许

调料

盐3克，鸡粉2克，食用油适量

做法

❶ 将洗净的黄花菜切去根部。

❷ 将鸡蛋打入碗中，打散、调匀，待用。

❸ 锅中注入适量清水烧开，加入盐、鸡粉。

❹ 放入切好的黄花菜，淋入食用油，搅拌匀。

❺ 盖上盖，用中火煮约2分钟，至其熟软。

❻ 揭盖，倒入蛋液，边煮边搅拌。

❼ 略煮一会儿，至液面浮出蛋花，关火后盛出煮好的鸡蛋汤，装入碗中，撒上葱花即成。

酸枣仁芹菜蒸鸡蛋

◉难易度：★☆☆　◉功效：开胃消食

材料

鸡蛋2个，芹菜40克，酸枣仁粉少许

调料

盐、鸡粉各2克

做法

❶ 洗好的芹菜切成碎末，备用。

❷ 把鸡蛋打入碗中，加入盐、鸡粉，搅匀，倒入酸枣仁粉，拌匀。

❸ 放入芹菜末，搅散，注入适量清水，拌匀，制成蛋液，待用。

❹ 取一个蒸碗，倒入蛋液，备用。

❺ 蒸锅上火烧开，放入蒸碗，盖上盖，用中火蒸8分钟至熟，取出蒸碗，待稍凉后即可食用。

艾叶煮鸡蛋

◉难易度：★☆☆　◉功效：益智健脑

材料

鸡蛋2个，鲜艾叶30克

做法

❶ 砂锅中注入适量清水烧热。
❷ 倒入洗净的鲜艾叶，放入备好的鸡蛋。
❸ 盖上盖，用大火烧开后转小火煮约20分钟，使艾叶析出有效成分。
❹ 揭盖，轻轻敲打鸡蛋的外壳，使其裂开。
❺ 再盖上盖，用中火煮约10分钟，至鸡蛋上色。
❻ 关火后，揭开盖，取出煮好的鸡蛋，浸入凉开水中。
❼ 放凉后去除蛋壳，摆放在盘中即成。

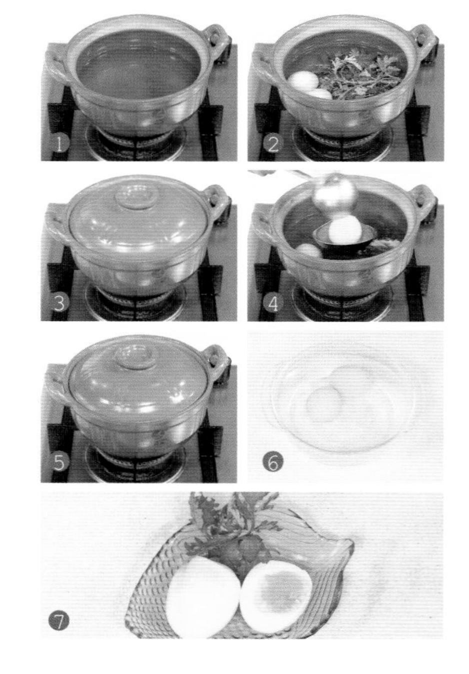

鹌鹑蛋牛奶

◉难易度：★☆☆　◉功效：益气补血

材料

熟鹌鹑蛋100克，牛奶80毫升

调料

白糖5克

做法

❶ 熟鹌鹑蛋对半切开，备用。
❷ 砂锅中注入适量清水烧开，倒入牛奶。
❸ 放入熟鹌鹑蛋，搅拌片刻。
❹ 盖上锅盖，烧开后用小火煮约1分钟。
❺ 揭开锅盖，加入白糖，搅匀，煮至溶化，关火后盛出煮好的汤料，装入碗中，待稍微放凉即可食用。

山药蒸鲫鱼

◉难易度：★★☆　◉功效：降低血压

材料

鲫鱼400克，山药80克，葱条30克，姜片20克，葱花、枸杞各少许

调料

盐2克，鸡粉2克，料酒8毫升

做法

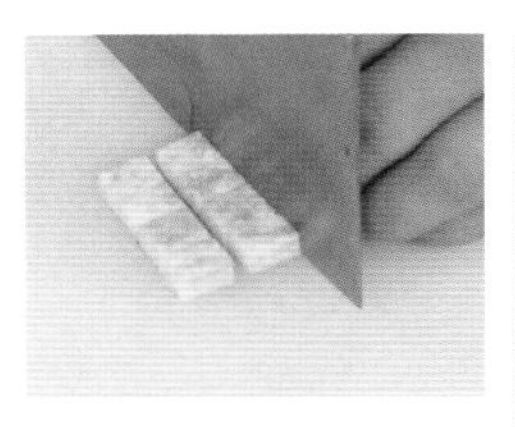

❶ 洗净去皮的山药切条，改切成粒。

❷ 处理干净的鲫鱼两面切上一字花刀。

❸ 将鲫鱼装入碗中，放入姜片、葱条。

❹ 加入料酒、盐、鸡粉，拌匀。

❺ 腌渍15分钟，至其入味。

❻ 将腌渍好的鲫鱼装入盘中，撒上山药粒，放上姜片。

❼ 把蒸盘放入烧开的蒸锅中。

❽ 盖上盖子，用大火蒸约10分钟，至食材熟透。

❾ 揭开蒸锅盖子，取出蒸盘。

❿ 夹去姜片，撒上葱花、枸杞即可。

跟着做不会错：蒸鲫鱼时不用放过多调料，否则会影响鲫鱼的鲜味。

蛤蜊鲫鱼汤

◉难易度：★★☆　◉功效：降低血压

材料

蛤蜊130克，鲫鱼400克，枸杞、姜片、葱花各少许

调料

盐2克，鸡粉2克，料酒8毫升，胡椒粉少许，食用油适量

跟着做不会错：用干净毛巾吸干鲫鱼身上的水分后再放入锅中煎，这样能避免鲫鱼粘锅。

做法

❶ 宰杀处理干净的鲫鱼两面切一字花刀。

❷ 用刀将洗净的蛤蜊打开，待用。

❸ 用油起锅，放入鲫鱼，煎出焦香味。

❹ 翻面，煎至鲫鱼呈焦黄色。

❺ 淋入料酒，加入适量开水。

❻ 再放入姜片。

❼ 煮沸后，撇去汤中浮沫。

❽ 倒入备好的蛤蜊。

❾ 盖上盖子，用小火煮约5分钟，至食材熟透。

❿ 揭盖，加入盐、鸡粉、胡椒粉。

⓫ 放入洗净的枸杞，略煮一会儿。

⓬ 将煮好的汤料盛出，装入汤碗中，撒上葱花即可。

清蒸草鱼段

◉难易度：★☆☆　◉功效：开胃消食

材料

草鱼肉370克，姜丝、葱丝、彩椒丝各少许

调料

蒸鱼豉油少许

做法

❶ 洗净的草鱼肉由背部切一刀，放在蒸盘中待用。
❷ 蒸锅上火烧开，放入蒸盘。
❸ 再盖上盖，用中火蒸约15分钟，至食材熟透。
❹ 揭开盖，取出蒸盘。
❺ 撒上姜丝、葱丝、彩椒丝，淋上蒸鱼豉油即可。

苹果炖鱼

◉难易度：★★☆　◉功效：保肝护肾

材料

草鱼肉150克，猪瘦肉50克，苹果50克，红枣10克，姜片少许

调料

盐、鸡粉、料酒、水淀粉、食用油各少许

做法

❶ 苹果洗净，去核，切成小块；草鱼肉洗净，切块。
❷ 猪瘦肉洗净，切块；红枣洗净，去核。
❸ 把瘦肉装入碗中，放入少许盐、鸡粉，拌匀，淋入少许水淀粉，拌匀，腌渍一会儿，至其入味。
❹ 热锅注油，放入姜片爆香，倒入草鱼块，煎至两面呈微黄色。
❺ 倒入料酒、清水，放红枣，加盐、鸡粉拌匀。
❻ 倒入瘦肉，盖上盖，焖约5分钟至熟。
❼ 揭开盖，倒入苹果块煮1分钟，关火后盛出即可。

木瓜草鱼汤

◉难易度：★★☆　◉功效：健脾止泻

材料

草鱼肉300克，木瓜230克，炼乳适量，姜片、葱花各少许

调料

盐3克，鸡粉3克，水淀粉6毫升，胡椒粉、食用油各适量

跟着做不会错：木瓜不要煮太久，以免破坏其营养成分。

做法

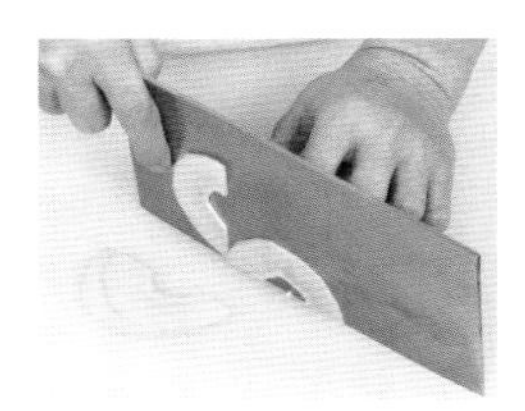

❶ 洗净去皮的木瓜切成片备用。

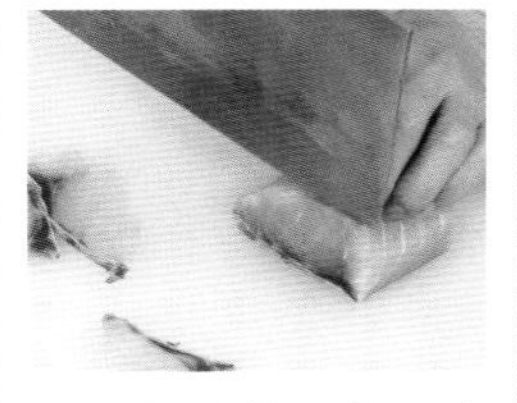

❷ 洗好的草鱼肉切成片备用。

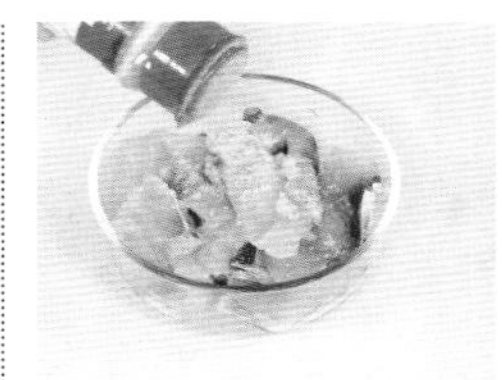

❸ 把鱼片装入碗中，加入少许盐、鸡粉、胡椒粉，拌匀。

❹ 倒入少许水淀粉，拌匀，倒入适量食用油，腌渍10分钟，至其入味。

❺ 用油起锅，倒入姜片、木瓜，炒均匀。

❻ 倒入适量清水。

❼ 盖上盖，煮至沸。

❽ 加入适量炼乳，煮至化。

不喜欢吃姜片的人，可以撒入少量姜粉提味。

❾ 盖上锅盖，煮至汤入味。

❿ 揭开盖，加入盐、鸡粉、胡椒粉，搅拌均匀。

⓫ 倒入鱼片搅散，继续搅动片刻，煮至沸，关火后盛入碗中，撒入葱花即可。

清蒸开屏鲈鱼

◉难易度：★★☆　◉功效：降低血脂

材料

鲈鱼500克，姜丝、葱丝、彩椒丝各少许

调料

盐2克，鸡粉2克，胡椒粉少许，蒸鱼豉油少许，料酒8毫升

做法

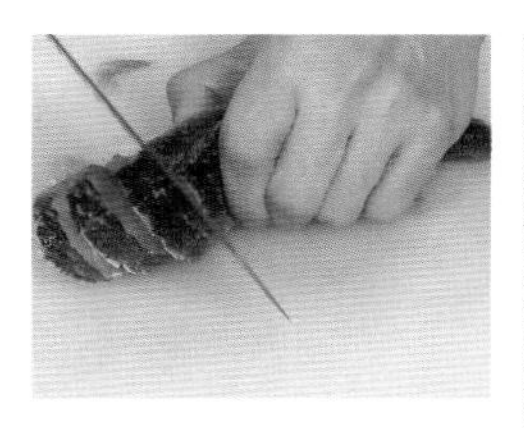

❶ 将处理好的鲈鱼切去背鳍，再切下鱼头，鱼背部切一字刀，切成相连的块。

❷ 把鲈鱼装入干净的盘中，放入盐、鸡粉、胡椒粉。

❸ 淋入料酒，抓匀，腌渍10分钟。

❹ 把腌渍好的鲈鱼放入盘中，摆放成孔雀开屏的造型。

❺ 将摆好的鲈鱼放入烧开的蒸锅中。

❻ 盖上盖，用大火蒸7分钟。

❼ 揭开盖，把蒸好的鲈鱼取出。

❽ 撒上姜丝、葱丝，再放上彩椒丝。

❾ 浇上少许热油，最后加入备好的蒸鱼豉油即可。

Tips

跟着做不会错：切一字刀时，将鱼背立起来切比较省力，也不容易破坏鲈鱼的完整性。

泥鳅烧香芋

◉难易度：★★★ ◉功效：益气补血

材料

芋头300克，泥鳅170克，姜片、蒜末、葱段各少许

调料

盐2克，鸡粉2克，生粉15克，生抽7毫升，食用油适量

做法

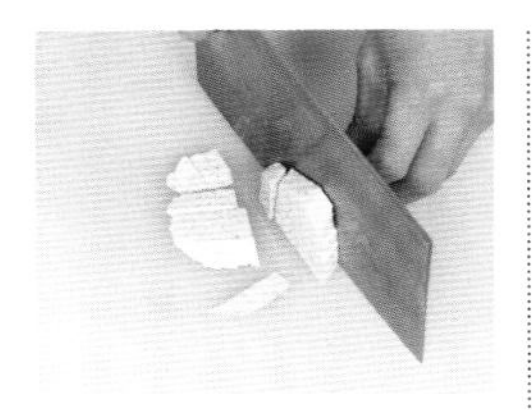

❶ 洗净去皮的芋头切片，再切条，用斜刀切成小丁；洗好的泥鳅划开，去除内脏和污渍，洗净。

❷ 取一盘，放入处理好的泥鳅，加少许生抽，拌匀，撒上生粉，拌匀，腌渍约10分钟。

❸ 热锅注油，烧至四五成热，倒入芋头拌匀，用小火炸1分钟，捞出芋头，沥干油，待用。

❹ 把泥鳅放入油锅，搅拌匀，用中火炸至焦脆。

❺ 捞出炸好的泥鳅，沥干油，待用。

❻ 锅底留油烧热，倒入姜片、蒜末、葱段，爆香，倒入温水，拌匀。

❼ 加入生抽、盐、鸡粉，用大火略煮，至汤汁沸腾。

❽ 倒入芋头，拌匀，盖上盖，转中火煮约5分钟。

❾ 揭盖，倒入炸好的泥鳅，拌炒片刻，至其入味，关火后盛入盘中即可。

Tips

跟着做不会错：先用盐搓洗泥鳅，然后用水将泥鳅冲洗干净，就可以洗去其黏液。

豉油蒸鲤鱼

◉难易度：★☆☆　◉功效：降低血糖

材料

净鲤鱼300克，姜片20克，葱条15克，彩椒丝、姜丝、葱丝各少许

调料

盐3克，胡椒粉2克，蒸鱼豉油15毫升，食用油少许

做法

❶ 取一个干净的蒸盘，摆上洗净的葱条，放入处理好的鲤鱼，放上姜片。
❷ 再均匀地撒上盐，腌渍一会儿。
❸ 蒸锅上火烧开，揭开盖，放入蒸盘。
❹ 盖上盖，用大火蒸约7分钟，至食材熟透。
❺ 揭开盖，取出蒸好的鲤鱼。
❻ 拣出姜片、葱条，放上姜丝、彩椒丝、葱丝。
❼ 撒上胡椒粉，浇上热油，淋入蒸鱼豉油即成。

鲤鱼炖豆腐

◉难易度：★★☆ ◉功效：开胃消食

材料

鲤鱼块450克，豆腐120克，上海青20克，姜片少许

调料

盐、鸡粉各2克，食用油适量

做法

❶ 洗净的豆腐切开，再切成小方块，备用。

❷ 锅置于火上烧热，倒入少许食用油，放入洗净的鲤鱼块。

❸ 拌匀，用中火煎至两面断生。

❹ 倒入开水，用大火煮至沸腾。

❺ 放入豆腐块，撒上姜片。

❻ 盖上盖，用小火炖约30分钟。

❼ 揭开盖，倒入洗净的上海青，搅拌匀。

❽ 加入盐、鸡粉。

❾ 拌匀调味，煮至入味，关火后盛出锅中的菜肴即可。

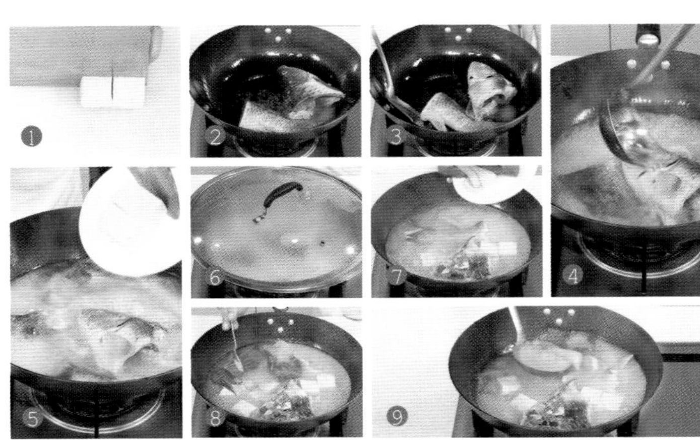

蒜烧黄鱼

◉难易度：★★★　◉功效：降低血压

材料

黄鱼400克，大蒜35克，姜片、葱段、香菜各少许

调料

盐、鸡粉、生抽、料酒、生粉、白糖、蚝油、老抽、食用油、水淀粉各适量

Tips

跟着做不会错：黄鱼不宜经常翻动，可以用勺子舀汤汁淋在鱼身上，使黄鱼均匀入味。

做法

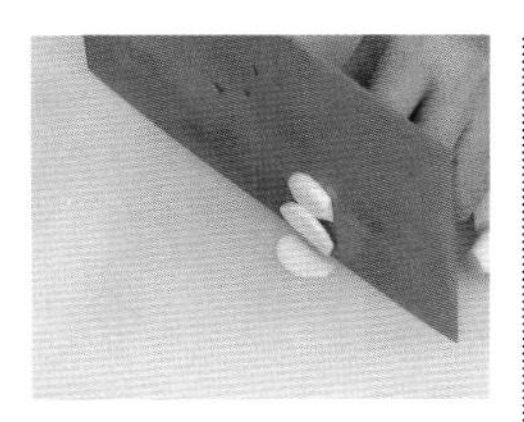

❶ 洗净的大蒜切成片；处理干净的黄鱼切上一字花刀。

❷ 将黄鱼装入盘中，放入少许盐、生抽，淋入料酒，将鱼身抹均匀，腌渍15分钟。

❸ 均匀撒上生粉。

❹ 热锅注油，烧至六成熟，放入腌渍好的黄鱼。

❺ 炸至金黄色，捞出炸好的黄鱼，待用。

❻ 锅底留油，放入蒜片，加入姜片、葱段，爆香。

❼ 加入适量清水，放入盐、鸡粉、白糖，拌匀。

❽ 淋入生抽，放入蚝油、老抽，拌匀，煮至沸。

❾ 放入炸好的黄鱼，煮2分钟至入味。

❿ 将黄鱼盛出，装入盘中。

⓫ 锅中淋入适量水淀粉，调成浓汤汁。

⓬ 把汤汁盛出，浇在黄鱼上，放上香菜点缀即可。

酸菜小黄鱼

◉难易度：★★★　◉功效：益气补血

材料

黄鱼400克，灯笼泡椒20克，酸菜50克，姜片、蒜末、葱段各少许

调料

生抽、生粉、豆瓣酱、盐、鸡粉、辣椒油、食用油各适量

跟着做不会错：炸黄鱼的时候油温要高，这样煮的时候鱼皮才不容易破。

做法

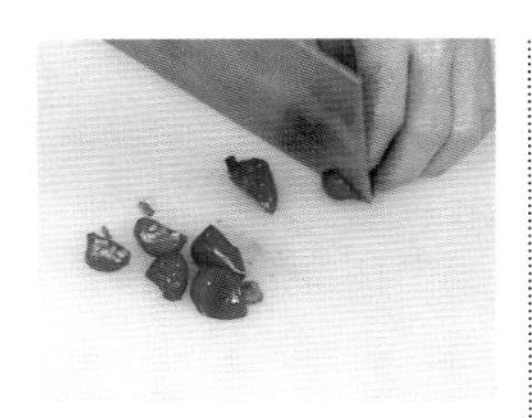

❶ 酸菜切成条，再切成丁，剁碎；灯笼泡椒切成小块。

❷ 处理干净的黄鱼装入盘中，撒入少许盐，抹匀。

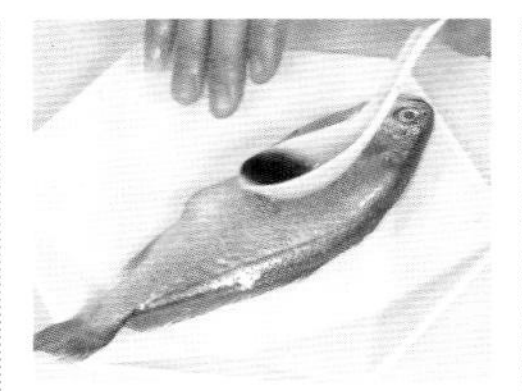

❸ 淋入生抽，将鱼身涂抹均匀。

❹ 撒入生粉，抹匀。

❺ 热锅注油，烧至五成热，放入黄鱼，炸至金黄色。

❻ 捞出炸好的黄鱼，沥干油，备用。

❼ 锅底留油，放入蒜末、姜片，爆香。

❽ 倒入酸菜，快速翻炒均匀。

❾ 放入灯笼泡椒，翻炒匀。

❿ 加入适量清水，放入豆瓣酱、盐、鸡粉，炒匀调味。

⓫ 淋入辣椒油，翻炒匀，煮至沸。

⓬ 放入黄鱼，煮约2分钟，至食材入味，关火后盛出煮好的黄鱼，装入盘中，放入葱段即可。

跟着做不会错：在鲍鱼肉上可切上刀花，这样更易入味，口感更好。

鲜虾烧鲍鱼

◉难易度：★★★　◉功效：保肝护肾

材料

基围虾180克，鲍鱼250克，西蓝花100克，葱段、姜片各少许

调料

海鲜酱25克，盐3克，蚝油6克，料酒8毫升，鸡粉、蒸鱼豉油、水淀粉、食用油各适量

做法

❶ 在鲍鱼上取下鲍鱼肉，刮去表面污渍。
❷ 将鲍鱼放入清水中，浸泡一会儿，待用。
❸ 锅中注水，大火烧开，放入鲍鱼肉，淋入少许料酒。
❹ 拌匀，用中火汆去腥味及其杂质，捞出鲍鱼，沥干水分，待用。
❺ 基围虾倒入沸水锅，拌匀，煮约半分钟。
❻ 煮至虾身弯曲、呈淡红色后捞出，沥干。
❼ 另起锅，注入适量清水烧开，加入少许盐、食用油，略煮一会儿。
❽ 放入洗净的西蓝花，拌匀，煮至变色，捞出材料，沥干水分，待用。
❾ 砂锅置火上，淋入食用油烧热，放入姜片、葱段，爆香。
❿ 倒入海鲜酱炒匀，放入鲍鱼肉，炒匀。
⓫ 注入适量清水，淋入料酒、蒸鱼豉油。
⓬ 盖上盖，烧开后用小火煮约1小时。
⓭ 揭盖倒入基围虾，加蚝油、鸡粉、盐拌匀。
⓮ 盖好盖，用小火煮5分钟，至食材熟透。
⓯ 揭盖，倒入水淀粉，炒匀，至汤汁收浓。
⓰ 关火后盛入盘中，用西蓝花围边即成。

螃蟹炖豆腐

◉难易度：★☆☆　◉功效：益气补血

材料

豆腐185克，螃蟹2只，姜片、葱段各少许

调料

盐2克，鸡粉2克，料酒4毫升，食用油适量

做法

1. 将螃蟹洗净，切开，去除脏物，再敲裂蟹钳。
2. 豆腐洗净，切方块，备用。
3. 用油起锅，放姜片、葱段爆香。
4. 放入螃蟹，炒匀，淋入料酒。
5. 炒出香味，注入适量清水，用大火略煮。
6. 待汤汁沸腾，放入豆腐块拌匀。
7. 盖上锅盖，用小火煮约15分钟，至食材熟透。
8. 揭盖，加入盐、鸡粉，拌匀，转大火煮至食材入味。
9. 关火后盛入盘中即成。

干贝花蟹白菜汤

◉难易度：★☆☆　◉功效：开胃消食

材料

花蟹块150克，水发干贝25克，白菜65克，姜片、葱花各少许

调料

盐、鸡粉各少许

做法

❶ 将洗净的白菜切段。
❷ 洗好的干贝碾成碎末，待用。
❸ 锅中注入适量清水烧热，倒入洗净的花蟹块。
❹ 撒上干贝末，放入姜片拌匀，用大火煮3分钟。
❺ 放入切好的白菜，拌匀，撇去浮沫。
❻ 加入盐、鸡粉，拌匀，再煮一会儿至食材熟透。
❼ 关火后盛入碗中，撒上葱花即成。

生蚝汤

◉难易度：★☆☆　◉功效：益智健脑

材料

生蚝肉110克，水发紫菜30克，姜丝、葱花各少许

调料

盐2克，鸡粉2克，料酒、食用油各适量

做法

❶ 将洗净的生蚝肉切成片，备用。

❷ 锅中注入适量清水，煮开后加入食用油、盐、鸡粉、料酒。

❸ 倒入切好的生蚝肉。

❹ 撒上姜丝，拌匀。

❺ 盖上锅盖，调至中火煮1分钟。

❻ 揭开锅盖，放入水发紫菜，煮至熟软。

❼ 搅拌均匀，撇去浮在汤面的泡沫，关火后，盛出生蚝汤，装在碗中，撒上葱花即可。

鲜虾花蛤蒸蛋羹

◉难易度：★★☆　◉功效：补锌

材料

花蛤肉65克，虾仁40克，鸡蛋2个，葱花少许

调料

盐2克，鸡粉2克，料酒4毫升

做法

❶ 虾仁洗净，去虾线，切小段。
❷ 把虾仁装入碗中，放入洗净的花蛤肉。
❸ 淋入料酒，加少许盐、鸡粉，拌匀，腌渍约10分钟。
❹ 鸡蛋打入蒸碗中，加鸡粉、盐，打散调匀。
❺ 倒入温开水快速搅拌匀。
❻ 放入腌好的虾仁、花蛤肉，拌匀，备用。
❼ 蒸锅上火烧开，放入蒸碗。
❽ 盖上盖，用中火蒸约10分钟，至食材熟透。
❾ 揭盖取出蒸碗，撒葱花即可。

紫菜豆腐羹

◉难易度：★★☆ ◉功效：开胃消食

材料

豆腐260克，西红柿65克，鸡蛋1个，水发紫菜200克，葱花少许

调料

盐2克，鸡粉2克，芝麻油、水淀粉、食用油各适量

做法

❶ 西红柿，洗净，去皮，切小丁。
❷ 豆腐洗净，切成小方块。
❸ 鸡蛋打散调匀，备用。
❹ 锅中注水烧开，倒入食用油。
❺ 放入切好的西红柿略煮片刻。
❻ 倒入豆腐块拌匀，加鸡粉、盐。
❼ 放入紫菜拌匀，用大火煮约1分30秒，倒入水淀粉勾芡。
❽ 倒入蛋液，边倒边搅拌，至蛋花成形。
❾ 淋入芝麻油，搅拌匀，至食材入味，关火后盛入碗中，撒上葱花即可。